职业教育基础课改革创新系列教材

应用数学（加工制造类专题）

主　编　尹　峰　周雪峰

副主编　姚丽霞　周拥军　徐宇琴

参　编　金海英　徐丽珠　任立波　袁　伟

　　　　吴建刚　徐琪鸣　徐　洁

机械工业出版社

本书基于《中等职业学校数学课程标准（2020 年版）》数学与加工制造专题的要求编写而成，从解决职业教育加工制造类专业学习中的实际问题出发，重点介绍了数控加工设备工作的基本数学原理，列举了运用数学知识解决数控编程专业学习、实践中所遇问题的众多实例.

本书突出了数学在职业教育中的基础性、工具性和应用性的特点，以及为专业服务的课程理念.

本书可以作为中等职业学校、五年制高职或高级技工学校加工制造类专业的应用数学基础教材，也可作为职工的培训教材和技术工人的参考资料.

图书在版编目（CIP）数据

应用数学：加工制造类专题／尹峰，周雪峰主编．
北京：机械工业出版社，2024.8（2025.1 重印）．
（职业教育基础课改革创新系列教材）．--ISBN 978-7
-111-76622-3

Ⅰ.O29
中国国家版本馆 CIP 数据核字第 2024CS2645 号

机械工业出版社（北京市百万庄大街 22 号　邮政编码 100037）
策划编辑：刘益汛　　　　　　责任编辑：刘益汛
责任校对：龚思文　张　征　　责任印制：常天培
北京机工印刷厂有限公司印刷
2025 年 1 月第 1 版第 2 次印刷
210mm×285mm · 8.25 印张 · 193 千字
标准书号：ISBN 978-7-111-76622-3
定价：29.80 元

电话服务　　　　　　　　　　网络服务

客服电话：010-88361066　　　机　工　官　网：www.cmpbook.com
　　　　　010-88379833　　　机　工　官　博：weibo.com/cmp1952
　　　　　010-68326294　　　金　书　　网：www.golden-book.com
封底无防伪标均为盗版　　机工教育服务网：www.cmpedu.com

前　言

在机械加工设备发展日趋现代化的今天，机械专业工人掌握数控加工的操作技能已经成为硬性要求. 于是，对学生数控加工技术能力的培养，成为职业学校机械专业教学的重要任务之一.

在数控加工技术学习中，理解数控设备工作的数学基础原理，掌握数控编程过程中数学处置的能力，既是重点、又是难点. 为此，我们根据多年来专业与文化课程相融的教学改革实践经验，编写了本书.

通过本书的学习，读者可以容易地理解数控加工设备基础的数学原理，轻松地扫清运用数学知识实施编程的学习障碍；在众多的实例学习练习中，顺利地解决数控编程中遇到的数学问题，为圆满地完成数控编程技能的学习打下扎实的基础.

本书由尹峰、周雪峰任主编，姚丽霞、周拥军、徐宇琴任副主编，金海英、徐丽珠、任立波、袁伟、吴建刚、徐琪鸣、徐洁参与了编写. 本书可以作为中等职业学校、五年制高职或高级技工学校加工制造类专业的应用数学基础教材，也可作为职工的培训教材和技术工人的参考资料.

本书是在对专业与文化课程相融创新性教改实践总结基础上的尝试性编写的，由于编者水平有限，不足之处难免，敬请广大读者批评、指正.

编　者

目 录

第1章　加工制造基础

随着数控加工技术在现代工业生产中的普遍应用，数控机床的操作技能已经是机械工人的必备技能.

数控机床是装备了数控系统的机床. 它将传统的普通加工机床工作过程中，由手工操作完成的主轴变速、松夹工件、刀位进退、开机停机、选择刀具、切削液供给等动作，经过数字化处理，由计算机以指令形式发给机床执行元件，使机床能程序化地自动加工出所要的零件.

1.1　零件的坐标系

数控机床数字化处理的首要任务是要确定加工零件各部位在机床这个体系中的位置，用特定的数字精确地表示. 数字表示指定对象的位置，数学中常用数轴.

规定了原点、正方向和单位长度的直线叫作数轴，如图1-1所示.

通过数轴，建立了实数和数轴上的点的一一对应的关系. 就是说，对于任何一个实数，总可以用数轴上唯一一点来表示；反过来，数轴上任一点都对应表示唯一实数.

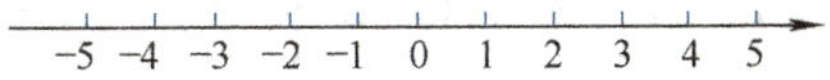

图　1-1

如图1-2所示，数4、-2、-4.5、$1\frac{1}{3}$、0和数轴上的点A、B、C、D以及原点O建立了一一对应关系.

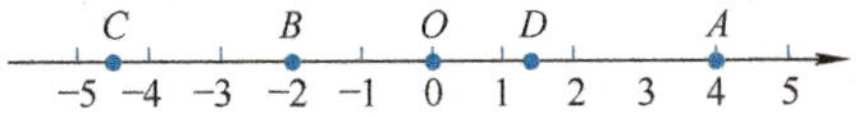

图　1-2

事实上，我们可以把实数和数轴上点的这种一一对应的关系，看成是从一维空间的角度，将事物相互间的关系进行了数字化处理.

在数控机床数字化处理过程中，零件所表示的空间有二维

（平面）空间，更有三维（立体）空间.

图 1-3 所示为机床加工一零件的示意图，数控机床在加工该零件时，首先要确定零件各部位在工作机床体系中的位置.

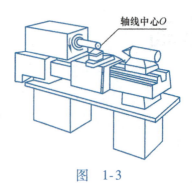

图 1-3

一、平面直角坐标系

去体育场观看足球赛，我们依照票上 B 区 10 排 8 座的标识，在 B 区的纵向找到 10 排，再在横向找到 8 座，就找到了座位位置. 只要从纵、横两个方向考虑点与数的关系，就能在平面内实施数字化处理. 数轴可以在一维方向实施数字化处理，那么，在纵、横两个方向各取一条数轴，就可以实施二维（平面）空间的数字化处理了.

平面直角坐标系 为了确定平面上的点的位置，像建立数轴那样完成如下步骤：①在平面内选定两条互相垂直的直线，并规定正方向（用箭头表示）；②以两直线的交点 O 作为原点；③选取任意长的线段作为两直线的公共单位长度. 这样，我们就在平面上建立了一个平面直角坐标系.

平面上点的坐标 建立了平面直角坐标系后，就可确定平面上的任意一点 P 的位置. 由 P 分别向水平的 x 轴和垂直的 y 轴作垂线，垂足分别是 M 和 N，点 M、N 在各自坐标轴上所对应的数分别是 a、b，则称 a 是 P 点的横坐标，b 是 P 点的纵坐标，记作 P（a，b）. 如果 P 点的位置确定，则 a、b 的值也确定，就是说，P 点的位置可以由一对有序实数 a 和 b 表示. 反过来，有一对有序实数（a，b），就可以分别在 x 轴、y 轴上找到与 a、b 对应的点 M、N，然后由 M 和 N 分别作 x 轴和 y 轴的垂线，就可以得到唯一的一个交点，就是说，任何一对有序实数都可以确定平面上唯一的一个点.

在平面直角坐标系下，平面上的一点和一对有序实数 $(x，y)$ 之间建立了一一对应的关系.

【例】 图 1-4 所示是一零件的轮廓图，试写出图中端点 A、B、C 和 D 的坐标.

解：根据题意，图中零件端点的坐标是 A（92，10）、B（31，20）、C（31，30）、D（0，30）.

平面上两点间的距离 设平面上有两个点 P_1（x_1，y_1）和 P_2（x_2，y_2），它们间的距离为 d. 则有平面内两点间的距离公式为

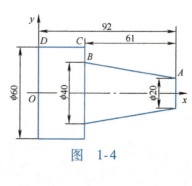

图 1-4

$$d = |P_1P_2| = \sqrt{(x_2 - x_1)^2 + (y_2 - y_1)^2}.$$

在平面直角坐标系中，若线段 P_1P_2 两端点的坐标分别为 P_1 (x_1, y_1) 和 P_2 (x_2, y_2)，当一点 P 分线段 P_1P_2 为两部分，其比值为 $\lambda = \dfrac{P_1P}{PP_2}$. 当点 P 在线段 P_1P_2 上时，点 P 叫作 P_1P_2 的内分点，λ 取正值；当点 P 在线段 P_1P_2 的延长线上时，点 P 叫作 P_1P_2 的外分点，λ 取负值. 点 P (x, y) 的坐标是：$x = \dfrac{x_1 + \lambda x_2}{1 + \lambda}$，$y = \dfrac{y_1 + \lambda y_2}{1 + \lambda}$ $(\lambda \neq -1)$，此式称为线段的定比分点公式.

特别地，当 P (x, y) 是线段 P_1P_2 的中点时，则 $x = \dfrac{x_1 + x_2}{2}$，$y = \dfrac{y_1 + y_2}{2}$. 此式称为线段的中点公式.

【例】　在一薄板零件的局部有圆孔 $\odot O_2$ 内切于 $\odot O_1$，数控车床加工这一零件时，在建立如图 1-5 所示的坐标系后，已知：$\odot O_1$ 的圆心坐标为 $O_1(0, 2)$，半径 $R = 3$；$\odot O_2$ 的圆心坐标为 $O_2(0.8, 1.4)$，且内切 $\odot O_1$，切点为 P，求切点 P 的坐标.

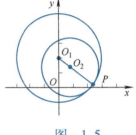

图　1-5

设 $\odot O_2$ 的半径为 r.

因为 $\odot O_2$ 内切 $\odot O_1$ 于点 P，所以 $R - r = O_1O_2$.

因为 $O_1O_2 = \sqrt{(0.8 - 0)^2 + (1.4 - 2)^2} = 1$，

$r = R - O_1O_2 = 3 - 1 = 2$，

所以切点 P 是线段 O_1O_2 的外分点，$\lambda = \dfrac{O_1P}{PO_2} = -\dfrac{3}{2}$.

则 P 点坐标 (x, y)：$x = \dfrac{0 + \left(-\dfrac{3}{2}\right) \times 0.8}{1 - \dfrac{3}{2}} = \dfrac{12}{5} = 2.4$，

$y = \dfrac{2 + \left(-\dfrac{3}{2}\right) \times 1.4}{1 - \dfrac{3}{2}} = \dfrac{1}{5} = 0.2$，即 $(2.4, 0.2)$.

二、空间直角坐标系

将二维方向的平面直角坐标系推广到三维空间，就有了空间直角坐标系.

空间直角坐标系　过空间点 O 作三条互相垂直的数轴，O 为原点，三条互相垂直的数轴都以原点 O 为起点，且有相同的长度单位，并分别叫作 x 轴、y 轴和 z 轴，统称为坐标轴. x 轴、y 轴和 z 轴也分别称为横轴，纵轴和竖轴. 三个坐标轴的正向符

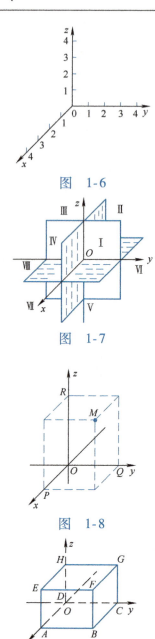

图　1-6

图　1-7

图　1-8

图　1-9

合右手规则，如图 1-6 所示，以右手握住 z 轴（竖轴），让大拇指竖直向上指向 z 轴正向，则其余四指从 x 轴（横轴）的正向旋转 $\frac{\pi}{2}$ 角度正好转到 y 轴（纵轴）的正向. 这样就构成了一个空间直角坐标系.

三条坐标轴中任意两条确定一个平面，叫作坐标平面，它们分别是 xOy 平面、yOz 平面和 zOx 平面. 三个坐标平面把空间分成 8 个部分，每个部分叫作一个卦限，分别用 Ⅰ、Ⅱ、Ⅲ、Ⅳ、Ⅴ、Ⅵ、Ⅶ和Ⅷ表示，如图 1-7 所示.

空间点的坐标　设 M 为空间任意一点，过 M 分别作垂直于三个坐标轴的平面，与三个坐标轴分别相交于点 P、Q 和 R，这三点在三个坐标轴上的坐标分别为 x、y 和 z，则点 M 唯一确定了有序数组 x、y 和 z；反之，给定一个有序数组 x、y 和 z，它们分别对应 x 轴、y 轴和 z 轴上的点 P、Q 和 R，过这三点分别作垂直于三个坐标轴的平面，则这三个平面相交于唯一点 M，于是，x、y 和 z 叫作点 M 的坐标，分别称为点 M 的横坐标、纵坐标和竖坐标，记作 $M(x, y, z)$，如图 1-8 所示.

这样就在空间点与有序数组之间建立起了一一对应的关系.

【例】　已知，在长方体铁块 $ABCD - EFGH$ 中，棱长 $AB = 3$，$BC = 2.1$，$BF = 2$，建立如图 1-9 所示的空间直角坐标系，试写出其各顶点的坐标.

解：在长方体 $ABCD - EFGH$ 中，各顶点的坐标分别是：$A(2.1, 0, 0)$、$B(2.1, 3, 0)$、$C(0, 3, 0)$、$D(0, 0, 0)$、$E(2.1, 0, 2)$、$F(2.1, 3, 2)$、$G(0, 3, 2)$、$H(0, 0, 2)$.

空间两点间的距离公式　设 $M_1(x_1, y_1, z_1)$ 和 $M_2(x_2, y_2, z_2)$ 是空间的两点，它们之间的距离 $|M_1M_2| = d$. 则有

$$d = \sqrt{(x_2 - x_1)^2 + (y_2 - y_1)^2 + (z_2 - z_1)^2}.$$

问题思考：空间中两点间的距离公式与平面上的两点间距离公式十分类似，据此，你对空间线段上的定比分点的坐标与其端点坐标的关系有何猜想呢？

三、机床中的坐标系

运用空间直角坐标系等知识，在机床及其加工过程中建立起所需的坐标系，就能确定加工零件各部位的位置，机床数字化处理就有了基础.

坐标轴的建立　为了方便设计、制造、使用和维修，国际标准化组织对数控机床坐标和方向制定了统一的标准. 我国也

制定了相应的标准.

　　每一个直线运动和圆周运动都要定义一个坐标轴, 并设有固定的坐标原点. 标准的坐标系采用右手直角坐标系（笛卡儿坐标系）. 规定直线运动的坐标轴用 x、y、z 表示, 围绕 x、y、z 轴旋转的坐标轴分别用 A、B、C 表示. 对于工件运动坐标轴用加 "'" 的字母表示, 根据相对运动关系, 它的方向恰好与相应刀具运动坐标方向相反, 如图 1-10 所示.

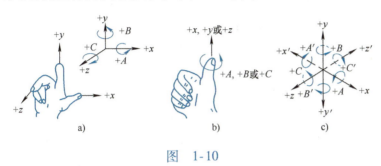

图　1-10

　　一般地, 坐标轴的选取方法如下:

　　z 轴为平行主轴的坐标轴. 若机床有多个主轴, 则尽可能选取垂直于工件装夹面的主要轴为 z 轴; 若机床没有主轴（如龙门刨床, 牛头刨床等）, 则选择垂直于工件安装基面的坐标轴为 z 轴. 刀具远离工件的方向为 z 轴的正方向.

　　x 轴取向一般是水平的, 平行于工件的主装夹面, 自然也要垂直于 z 轴. 若 z 轴是水平方向的, 则从主轴向工件看, x 轴正向指向右边; 若 z 轴是垂直的, 则从主轴上看, x 轴正向指向右边. 对于车床、磨床等工件旋转的机床, 取平行于横向滑座的方向（工件径向）为 x 轴, 刀具远离工件的方向为 x 轴的正方向.

　　y 轴的运动方向可以根据 x 轴和 z 轴按右手法则确定. 在卧式车床中, 由于车刀刀尖安装在工件中心表面上, 不需要垂直方向的运动, 所以不必规定 y 轴.

　　如果机床在基本坐标系 x、y、z 轴外, 还有轴线与 x、y、z 轴相平行的坐标轴, 那么附加坐标轴可首先分别用 u、v、w 表示, 再用 p、q、r 表示. 类似地, 附加旋转坐标用 d、e 表示, 与直线坐标轴的关系一般不作统一规定.

　　在选取好机床各坐标轴及确定其方向后, 进一步确定其坐标系原点的位置, 就能得到机床数字化处理所需的机床坐标系统.

（一）机床坐标系

机床坐标系是机床制造厂在每台机床组装过程中已经确定

了的. 其原点为机床的一固定点，它是机床制造时的基准点，也是机床进行加工或位移的基准点.

数控车床一般将机床原点定在主轴端面卡盘中心点，如图 1-11 所示. 数控铣床的原点一般取在 x、y、z 三个坐标轴的正方向的极限位置上，如图 1-12 所示. 对于数控车削复合车床、多面加工的加工中心等，就会建立多个坐标系.

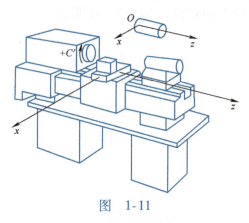

图　1-11

（二）工件坐标系

在编程中，一般要建立工件坐标系，也称编程坐标系. 它是在编程过程中为确定工件几何图形上各几何要素位置而建立的坐标系. 工件坐标系的原点称为工件零点或工作原点，也称编程原点. 工件坐标系的原点要尽可能地选择在零件的设计基准或工艺基准上，并尽量使编程简单、尺寸换算少、加工误差小.

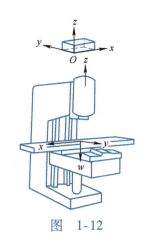

图　1-12

因此，工件坐标系的原点虽是由操作者或编程者选择的，但其选择时要遵循以下原则：

（1）应使工件的零点与工件的尺寸基准重合.

（2）让工件图中的尺寸容易换算成坐标值，尽量直接用图样尺寸作为坐标值.

（3）工件零点应选在容易找正，在加工过程中便于测量的位置.

通常原点可以设定在工件（或夹具）的适当位置上，如常选在尺寸标注的基准或定位基准上. 当工件安装在机床上之后，工件原点与机床原点建立起尽可能简单的数据之间的联系. 对车床而言，工件坐标系原点一般选在工件轴线与工件的前端面（或后端面、卡爪前端面）的交点上.

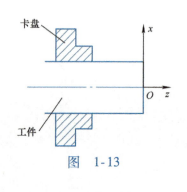

图　1-13

如车削零件编程原点的 x 轴向零点应选在零件的回转轴线上. z 轴向零点一般可以选在零件的右端面、设计基准或对称平面内. 图 1-13 所示为车削零件编程原点的选择示意图.

　　铣削零件的编程原点、x 和 y 轴向零点一般可选在设计基准或工艺基准的端面或孔的中心线上，对于有对称部分的工件，可以选在对称面上，以便用镜像等指令来简化编程. z 向的编程原点习惯选在工件上表面，这样当刀具切入工件后，z 向尺寸数字均为负值，以便于检查程序. 图 1-14 所示为铣削零件编程原点的选择示意图.

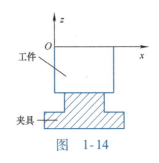

图　1-14

　　工件（编程）坐标系分为绝对坐标系和增量坐标系两种.

　　所谓绝对坐标系，就是工件图形中各几何元素的坐标都表示在同一坐标原点及其坐标体系下. 就是说，编程坐标系的所有坐标点的位置都是以坐标原点为基准的. 即对刀具而言，刀具运动轨迹的坐标值均是从某一固定坐标原点计量的.

　　绝对坐标系与工件坐标系是两个概念，但为了使编程与机床工作方便，在选用时常常使其重合.

　　所谓增量坐标系，也称相对坐标系，实质是反映了其相对的意思. 它是一个坐标原点与另一个坐标原点有相对变换的坐标系. 对刀具而言，刀具运动轨迹的终点坐标是相对于起点坐标计量的.

　　图 1-15 所示是两种不同坐标系的表示形式. 在绝对坐标系下，线段端点 A、B 的坐标分别是（10，8）、（25，25）；在相对坐标系下，B 点的坐标位于相对于前面起点 A 定出的坐标系 uAv 下，其增量坐标：$u_B = 15$，$v_B = 17$，即（15，17）.

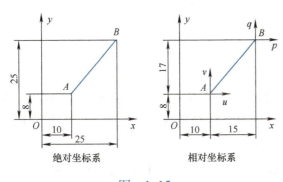

图　1-15

　　问题思考：若 A 点的坐标是在以 B 点为原点建立的坐标系 pBq 内计量的，则 A 点的坐标是多少呢？

　　增量坐标系用在加工工件轮廓曲线上时，组成轮廓线中的各类线段的终点位置是以该线段起点为坐标原点而确定的坐标系. 图 1-16 所示为一工件的轮廓线，由直线 AB、圆弧线 $\overset{\frown}{BD}$ 与圆弧线 $\overset{\frown}{DF}$ 组成，直线 AB 与弧 $\overset{\frown}{BD}$ 相切连接，弧 $\overset{\frown}{BD}$ 与弧 $\overset{\frown}{DF}$ 外切连

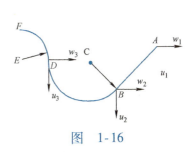

图　1-16

接．直线 AB 的编程坐标系是以 A 点为坐标原点的 $w_1 - u_1$ 增量坐标系；圆弧$\overset{\frown}{BD}$的编程坐标系是以 B 点为坐标原点的 $w_2 - u_2$ 增量坐标系，圆弧的终点 D 和对应的圆心 C 的位置都相对于 B 点而确定；圆弧$\overset{\frown}{DF}$的编程坐标系是以 D 点为坐标原点的 $w_3 - u_3$ 增量坐标系；类似地；圆心 E 点和终点 F 点的位置相对于 D 点确定．

问题探究：在建立增量坐标系的过程中，各个增量坐标系的建立顺序如何确定？轮廓线上连接点能遗漏吗？前后增量坐标系之间的关系如何？

在建立增量坐标系的过程中，要注意以下三点：

（1）顺序性，按照轮廓线上连接点的连接次序从一个排列方向逐段建立．图 1-17 所示是依轮廓轨迹 $A \rightarrow B \rightarrow D \rightarrow F$ 方向建立的．注意 C 点虽不是轮廓线上的连接点，但它影响着圆弧$\overset{\frown}{BD}$，所以在建立好对应的增量坐标系后，也要标出它在这个坐标系中的位置，这里 C 点是在以 B 点为坐标原点的 $w_2 - u_2$ 增量坐标系中．E 点亦然．

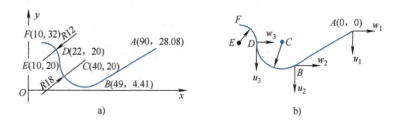

图　1-17

（2）连续性，轮廓线上的连接点要连续不能遗漏．图 1-17 中，若遗漏了点 D，则轮廓轨迹 $B \rightarrow D \rightarrow F$ 变成了 $B \rightarrow F$，就不能反映原来轮廓线的面貌了．

（3）关联性，增量坐标系的实质是坐标系的平移变换．前、后坐标系中，点的坐标与平移的量相关．

问题思考：一零件加工轮廓线是由线段 AB 与弧$\overset{\frown}{BD}$相切，弧$\overset{\frown}{BD}$又与弧$\overset{\frown}{DF}$外切构成的，在绝对坐标系下，曲线上各连接点及其对应的圆心坐标如图 1-17a 所示，现建立如图 1-17b 所示的增量坐标系，试写出曲线上各连接点及其对应的圆心在此增量坐标系下的坐标．

（三）坐标轴的平移公式

增量坐标系概念运用到直角坐标系中，就相当于把原有的坐标轴平移到新的位置，即由 xOy 坐标系变为 $x'O'y'$ 坐标系，如图 1-18 所示，新坐标系原点 O' 在原坐标系的点 (h, k) 上，则点 P 在新、旧坐标系中的坐标 (x', y') 与 (x, y) 间的关系有

$$\begin{cases} x = x' + h, \\ y = y' + k \end{cases} \text{或} \begin{cases} x' = x - h, \\ y = y - k. \end{cases}$$

上式称为坐标轴的平移公式.

如，A 在 xOy 坐标系中的坐标是 $(-2, 3)$，平移 xOy 坐标系的坐标轴，以 $O'(2, 2)$ 为新原点，则点 A 在新坐标系 $x'O'y'$ 中的坐标：$x' = x - h = -2 - 2 = -4$，$y' = y - k = 3 - 2 = 1$，即 $(-4, 1)$.

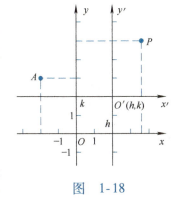

图 1-18

练习题 1.1

（1）在一零件图上，建立如图 1-19 所示的坐标系，试写出图中三圆孔 O_1、O_2、O_3 的坐标.

（2）一球头手柄的轮廓如图 1-20 所示，在图示的坐标系下，写出点 A、B、C、D 和 E 点的坐标.

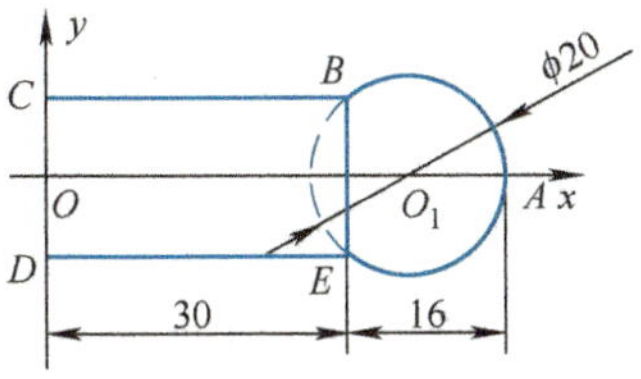

（3）如图 1-21 所示，$\odot O_1$ 与 $\odot O_2$ 是某零件上相外切的两圆孔。在图示的坐标系下，已知 $\odot O_1$ 的圆心坐标为 $O_1(0, 2)$，半径为 3；$\odot O_2$ 的圆心坐标为 $O_2(4, -1)$，求切点 P 的坐标.

（4）以半径为 10 的一个球中心 O 为原点，建立空间直角坐标系，如图 1-22 所示，设球面上的一点 P，过 P 作 xOy 平面的垂线，垂足为 M，OM 与 x 轴正半轴的夹角为 $\alpha = 45°$，OP 与 z 轴正半轴的夹角为 $\beta = 30°$，求 P 点的坐标.

（5）如图 1-23 所示，一圆柱体的底面直径为 60mm，正截面的倾斜角为 30°，即 $\angle HFM = 30°$，$BF = 26mm$；在图示的空间直角坐标系中，试写出 A、B、C、D、E、F、G 和 H 各点的坐标.

（6）什么叫工件坐标系？它有哪几种类型？

（7）在工件坐标系中，编程原点的选取要注意些什么？通常情况下，车削零件与铣削零件的编程原点是如何选取的？

（8）什么是增量坐标系？如何理解建立增量坐标系要有一定的顺序？

（9）给图 1-24 所示的轮廓线建立增量坐标系，并作说明.

（10）如何理解在建立增量坐标系中不能有遗漏的要求？在图 1-24 中，如果遗漏点 C，点 B 也不作标记，即以 $A \to D \to F$ 顺

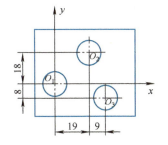

图 1-19

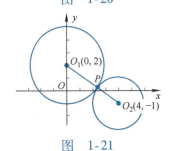

图 1-20

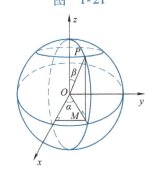

图 1-21

图 1-22

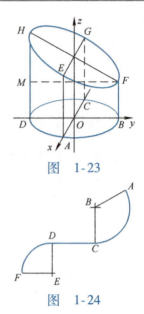

图　1-23

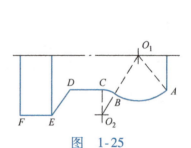

图　1-24

次建立增量坐标系，那么在这样的增量坐标系情形下，它反映的轮廓线是什么情形？画出它的示意图.

（11）建立增量坐标系时，在轮廓线上增加点的选取，这样对应增加增量坐标系个数的建立后，反映的轮廓线有改变吗？

（12）坐标轴的平移公式是如何表示的？若点 P 在 xOy 坐标系中的坐标是（-4，-3），把 xOy 坐标系中坐标轴平移，使点（-1，2）成为新坐标系 $x'O'y'$ 的新原点 O'，求点 P 在 $x'O'y'$ 坐标系中的坐标.

1.2　零件的基点与基点坐标

在建立坐标系后，我们可以顺利地标出加工零件轮廓的各个转折点的坐标. 转折点坐标是编制数控机床操作程序、指令机床按要求工作的基础.

一、基点的定义

加工零件轮廓的各个转折点实际是构成零件轮廓的不同几何元素的交点或切点，我们把它们称为基点. 几何元素包括直线、圆弧、二次曲线（抛物线、椭圆、双曲线等）及其他曲线等.

图 1-25 所示的 A、B、C、D、E 和 F 各点都是该零件轮廓上的基点. 基点 A 是直线与圆弧相交的交点，基点 B 是圆弧与圆弧相切的切点，基点 C 是直线与圆弧相切的切点，基点 D、E 和 F 都是直线与直线的交点. 基点的确定要不重复、不遗漏，

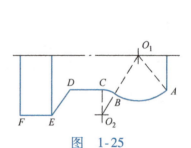

图　1-25

相邻两基点间的几何元素应是唯一一种几何元素. 图中弧 $\overset{\frown}{AB}$ 与弧 $\overset{\frown}{BC}$ 虽是同类弧线型线，但是它们是圆心位置不同、半径又不同的几何元素线，因此，不能漏了 B 基点的标识. 在标识圆弧线上的基点时，仅标识其端点还不能确定其全貌，必须标识对应的圆心，圆弧才能确定. 因此在确定圆弧线上的基点时，要将对应的圆心坐标一同标出，如在标弧 $\overset{\frown}{AB}$ 时，应同时标出对应的 O_1；对弧 $\overset{\frown}{BC}$ 亦然. 同样，线段 DE、EF 是相连的直线型线，但不是同一直线，它们的交点 E 也是不能漏标的基点.

二、基点的坐标

相邻两个基点可以看成它们之间同种几何元素线运动轨迹的起点与终点. 在图 1-25 中，基点 B 可以看成弧 $\overset{\frown}{BC}$ 的起点，点

C 是弧 $\overset{\frown}{BC}$ 的终点. 在建立起坐标系后，就要确定基点的坐标值，包括与弧线上基点关联的圆心坐标值. 如果几何元素线是圆锥曲线型的，那么还要确定其中心或焦点等相关点的坐标值.

各个基点的坐标在不同的坐标系（指绝对坐标系与相对坐标系）下有不同的表示.

【例】 对如图 1-26a 所示薄板零件轮廓图的基点，分别用绝对坐标系和相对坐标系表示.

解：建立如图 1-26b 所示的坐标系.

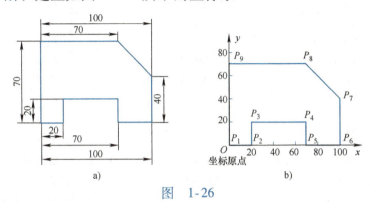

图 1-26

在绝对坐标系下，各基点的坐标可以用表格形式表示为：

坐标	P_1	P_2	P_3	P_4	P_5	P_6	P_7	P_8	P_9
x	0	20	20	70	70	100	100	70	0
y	0	0	20	20	0	0	40	70	70

在增量坐标系下，各基点的坐标可以用表格形式表示为：

坐标	P_1	P_2	P_3	P_4	P_5	P_6	P_7	P_8	P_9
x	0	20	0	50	0	30	0	-30	-70
y	0	0	20	0	-20	0	40	30	0

选择坐标原点为编程原点，加工顺序从 $P_1 \rightarrow P_9$，它的数控加工参考程序是：

序号	程序（绝对编程）	程序（相对编程）	注解
	O0001；	O0001；	程序号
N10	T1D1；	T1D1；	指定刀具号
N20	G90 G94 G21 G40 G54 F100；	G90 G94 G21 G40 G54 F100；	程序初始化
N30	G91 G28 Z0；	G91 G28 Z0；	Z 向回参考点
N40	M3 S800；	M3 S800；	主轴正转，800r/min
N50	G90 G00 X −20 Y −20；	G90 G00 X −20 Y −20；	快速定位到起刀点

（续）

序号	程序（绝对编程）	程序（相对编程）	注解
N60	Z5　M08；	Z5　M08；	切屑液开
N70	G01　Z－2　F100；	G01　Z－2　F100；	背吃刀量为2mm
N80	G42　G01　X－15　Y0　D01；	G42　G01　X－15　Y0　D01；	P_1 点 x 轴延长线上建立刀补
N90	X0　Y0；	X0　Y0；	P_1 点
N100	X20　Y0；	G91　X20　Y0；	P_2 点
N110	X20　Y20；	X0　Y20；	P_3 点
N120	X70　Y20；	X50　Y0；	P_4 点
N130	X70　Y0；	X0　Y－20；	P_5 点
N140	X100　Y0；	X30　Y0；	P_6 点
N150	X100　Y40；	X0　Y40；	P_7 点
N160	X70　Y70；	X－30　Y30；	P_8 点
N170	X0　Y70；	X－70　Y0；	P_9 点
N180	X0　Y－15；	G90　X0　Y－15；	P_1 点 y 轴延长线上点
N190	G40　G01　X－20　Y－20　M09；	G40　G01　X－20　Y－20　M09；	取消刀补、切屑液关
N200	G91　G28　Z0；	G91　G28　Z0；	返回 z 轴方向参考点
N210	M30；	M30；	程序结束

说明：P_3、P_4 点处，留有铣刀半径余量，需后续采用其他方式处理.

【例】　用三维坐标数控铣床加工图 1-27a 所示的棱台面，坯料选用一矩形块. 试在适当坐标系下写出各基点（包含参考点）的坐标.

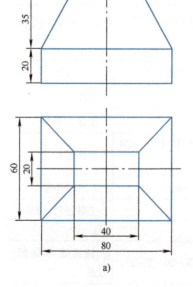

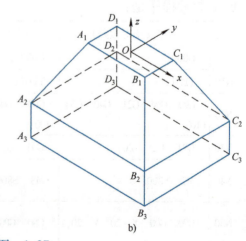

a)　　　　　　　　　　　　　b)

图　1-27

解：因为铣削件是一对称的工件，所以编程原点、x 轴向零点和 y 轴向零点选在工件端面的中心线上．建立如图 1-27b 所示的坐标系，则各基点（包含参考点）的坐标可列成下表表示：

坐标	A_1	B_1	C_1	D_1	A_2	B_2	C_2	D_2	A_3	B_3	C_3	D_3
x	−20	20	20	−20	−40	40	40	−40	−40	40	40	−40
y	−10	−10	10	10	−30	−30	30	30	−30	−30	30	30
z	0	0	0	0	−35	−35	−35	−35	−55	−55	−55	−55

【例】　已知一零件的轮廓如图 1-28a 所示，建立适当的坐标系，试完成：①标出它的基点；②在绝对坐标系下，求基点的坐标；③在增量坐标系下，求基点的坐标．

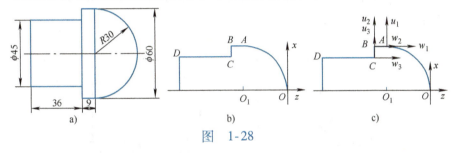

图　1-28

解：因为零件形状对称，所以其轮廓图可以简化，只绘一半，如图 1-28b 所示．

（1）根据图示，它的基点是 A、B、C、D.

（2）建立如图 1-28b 所示的绝对坐标系，基点的坐标是 A (30，−30)、B (30，−39)、C (22.5，−39)、D (22.5，−75)，其中 O_1 的坐标是 (0，−30).

（3）建立图 1-28c 所示的增量坐标系，则基点 A 相对于 O 的坐标为 (30，−30)，同时圆心 O_1 相对于 O 的坐标为 (0，−30)；基点 B 相对于点 A 的坐标为 (0，−9)；基点 C 相对于点 B 的坐标为 (−7.5，0)；基点 D 相对于点 C 的坐标为 (0，−36).

数控车床加工的工件外形通常是旋转体，于是对 x 轴向尺寸标注有直径方式与半径方式两种形式，z 轴向尺寸标注都采用实际值．因为用直径方式便于直观校验程序段，所以机床出厂的默认方式是直径编程方式．

问题探究：在图 1-28b 所示的轮廓图上，O 点为什么没有作为基点呢？

因为基点是指零件轮廓图上不同几何元素的交点或切点，O

点在该轮廓图上既非其交点，也非其切点，所以不能被选为基点. 弧 $\overparen{OA}$ 由点 A、对应的圆心的坐标及这两点坐标所依赖的坐标系确定，编程的圆弧命令结构依托这些要素可以生成符合要求的圆弧轨迹的走刀指令.

除基点外，有些点的坐标值在数控加工过程的编程中是不可缺少的，如前面出现的圆弧对应的圆心点，坐标系的参考点等影响编程的点，可以称为**参考点**.

问题思考：分别在绝对坐标系与相对坐标系下，用直径方式为上题的轮廓图标出基点坐标及相应点的坐标.

【例】　已知某零件如图 1-29 所示，试确定其基点及其坐标.

解：如图 1-29b 所示轮廓图可表示如图 1-29a 所示的零件图.

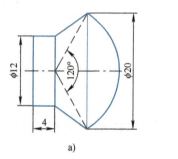
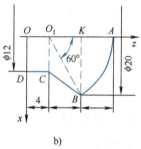

a)　　　　　　　　b)

图　1-29

则基点是 B、C 和 D，其中 O_1 是弧线对应的圆心.

在 Rt$\triangle O_1KB$ 中，$BK = 10\mathrm{mm}$，$\angle BO_1K = 60°$，

$$\cot\angle BO_1K = \frac{KO_1}{BK}, \quad \sin\angle BO_1K = \frac{BK}{BO_1},$$

$KO_1 = BK\cot 60° = 10\mathrm{mm} \times 0.5773 = 5.77\mathrm{mm}$，$BO_1 = \dfrac{BK}{\sin 60°} = $

$\dfrac{10\mathrm{mm}}{0.8660} = 11.54\mathrm{mm}$，$AK = AO_1 - KO_1 = BO_1 - KO_1 = 11.54\mathrm{mm} - $

$5.77\mathrm{mm} = 5.77\mathrm{mm}$，$KO = 5.77\mathrm{mm} + 4\mathrm{mm} = 9.77\mathrm{mm}$，$AO = AO_1 + OO_1 = 11.54\mathrm{mm} + 4\mathrm{mm} = 15.54\mathrm{mm}$.

所以，在以 O 为原点的绝对坐标系中，基点 B、C 和 D 的坐标分别是 $B\,(10,\ 9.77)$、$C\,(6,\ 4)$、$D\,(6,\ 0)$，弧 $\overparen{AB}$ 对应圆心的坐标 $O_1\,(0,\ 4)$，参考点 $A\,(0,\ 15.54)$.

用直径方式表示是 $B\,(20,\ 9.77)$、$C\,(12,\ 4)$、$D\,(12,\ 0)$.

三、基点的基本类型——连接与节点

基点是零件轮廓的不同几何元素的交点或切点. 直线与圆是最基本的几何元素, 所以基点的基本类型有: ①直线与直线的交点; ②直线与圆弧的交点; ③直线与圆弧的切点; ④圆弧与圆弧的交点; ⑤圆弧与圆弧的切点, 分为外切点与内切点两种情形. 这五类基点可以称作**基本类基点**.

在确定线段与圆弧或圆弧与圆弧间的切点构成的基点坐标时, 往往先要判断相切的类型, 再利用它们之间的性质确定.

直线与圆弧相切也可称为直线与圆弧相**连接**, 直线与圆弧在圆心和切点 (即连接点) 所在直线的两侧, 圆弧所在圆的圆心与切点的连线垂直于该直线.

圆弧与圆弧相切时, 当圆弧所在圆内切时, 可称圆弧与圆弧**内连接**, 两段圆弧在连心线的两侧, 连接点 (即为切点) 在连心线上, 且两圆弧所在圆半径差等于圆心距; 当圆弧所在圆外切时, 可称圆弧与圆弧**外连接**, 两段圆弧也在连心线的两侧, 连接点 (即为切点) 在连心线上, 且两圆弧所在圆半径和等于圆心距.

可见, 直线与圆弧, 圆弧与圆弧在连接处相切, 切点即为其基点.

当基点是圆弧与圆弧相切的切点时, 切点可以看作是其连心线段的定比分点, 此定比值 λ 与两圆弧所在圆的半径相关.

问题思考: 现设两圆弧所在圆分别为 $\odot O_1$ 与 $\odot O_2$, 对应的半径为 R、$r(R > r)$, 圆心坐标为 $O_1(x_1, y_1)$、$O_2(x_2, y_2)$, 请求出这两个圆弧连接点 $P(x_P, y_P)$ 的坐标公式.

1.3　走 刀 路 径

1. 走刀路线的确定原则

加工路线是指在数控加工中, 刀具刀位点相对于工件运动的轨迹, 泛指刀具从对刀点 (或机床参考点) 开始运动起, 直至加工结束所经过的路径, 包括切削加工的路径及刀具引入、返回等非切削空行程.

加工路线的确定原则:

(1) 加工路线首先必须保证被加工零件的精度及表面粗糙度符合要求.

(2) 考虑数值计算简便, 以减少编程工作量.

（3）应使走刀路线尽量短，以提高效率.

（4）加工路线还应根据工件的加工余量和机床、刀具的刚度等具体情况确定.

2. 起刀点与换刀点的选择

起刀点一般作为切削加工程序运行的起点. 起刀点一般选择在径向等于或略大于工件毛坯直径，在轴向距工件端面 1 ~ 2mm 的位置上.

换刀点是指刀架转位换刀时的位置. 在数控车床上，该点的位置不是固定的. 其设定值一般根据刀具在刀架上的悬伸量确定，在保证换刀安全的前提下尽量靠近工件，初学时可在工件坐标系中按（100.0，100.0）取值，也可选择机床参考点作为换刀点. 起刀点与换刀点的选择如图 1-30 所示.

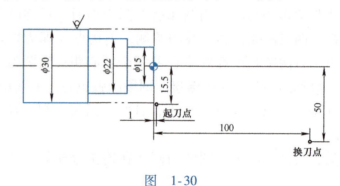

图   1-30

3. 车削加工路线

台阶轴的精加工按照离换刀点由近至远的原则，从右向左沿轮廓进行. 台阶轴车削加工路线如图 1-31 所示.

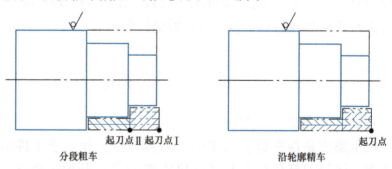

图   1-31

台阶轴加工中宜采用分段粗车、沿轮廓精车的加工路线.

车外圆锥时可以分为车正锥和车倒锥两种情况，而每一种情况又有两种加工路线. 车外圆锥加工路线如图 1-32 所示.

凸弧车削加工路线如图 1-33 所示.

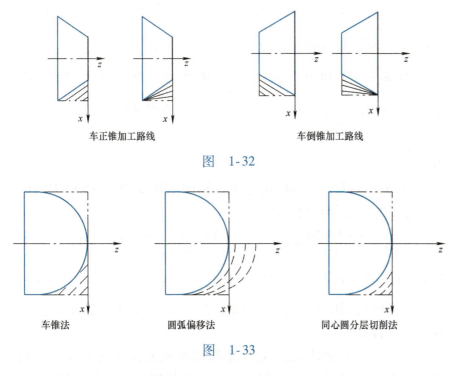

z
x
车正锥加工路线
车倒锥加工路线

图　1-32

z
x
车锥法
圆弧偏移法
同心圆分层切削法

图　1-33

凹弧车削加工路线如图 1-34 所示.

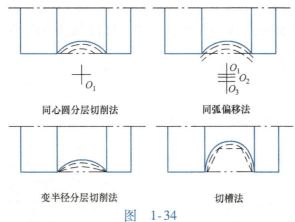

O_1
同心圆分层切削法
O_1
O_2
O_3
同弧偏移法
变半径分层切削法
切槽法

图　1-34

【例】　试确定图 1-35a 所示零件图的基点，并用直径方式写出它的坐标.

40
31
27
R5
R15
φ26
φ22
a)
D (16，−27)
E
C
A
(0，−15)
B
O
x
z
b)

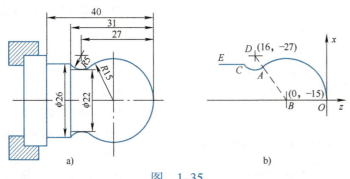

图　1-35

解：图 1-35a 所示零件的轮廓如图 1-35b 所示，基点是 A、C 和 E，其中弧 $\overset{\frown}{OA}$ 的圆心为 B，弧 $\overset{\frown}{AC}$ 的圆心为 D.

由图 1-35b 可知，弧 $\overset{\frown}{OA}$ 与弧 $\overset{\frown}{AC}$ 外切，切点为 A，所以 B、A、D 三点在一直线上，且可知点 A 分线段 BD 的比 $\lambda = \dfrac{BA}{AD} = \dfrac{15}{5} = 3$.

建立图 1-35b 所示的坐标系，据图示知 $B(0, -15)$，$D(16, -27)$，由定比分点公式得

$$x_A = \frac{0 + 3 \times 16}{1 + 3} = 12, \quad z_A = \frac{-15 + 3 \times (-27)}{1 + 3} = -24,$$

所以用直径方式表示基点的坐标：$A(24, -24)$、$C(26, -31)$、$E(26, -40)$，其中，弧 $\overset{\frown}{OA}$ 的圆心 $B(0, -15)$，弧 $\overset{\frown}{AC}$ 的圆心 $D(32, -27)$.

问题思考：解本题的关键是根据两弧外连接的关系，运用外切的性质求 A 点的位置值. 求 A 点的位置值还有其他的方法，你能试一下吗？

选择坐标原点为编程原点，加工顺序从 $A \rightarrow E$，它的数控加工参考编程是：

序号	程序	注解
	O0001;	程序号
	G0　G40　G97　G99　G21　F0.2;	程序初始化
	G0　X100　Z100;	快速移动到退刀、换刀点
	M3　S800　T0101　M8;	主轴正转，800r/min、1 号车刀 1 号刀补、切削液开
	G42　X32　Z2;	快速定位到起刀点
	G73　U15　R10;	G73 固定形状粗加工循环及参
	G73　P1　Q2　U1　W0.1　F0.2;	数设置
N1	G0　X-1　Z2;	辅助点
	G1　X-1　Z0;	圆心 z 轴方向延长线上点
	X0　Z0;	圆心点
	G3　X24　Z-24　R15;	A 点
	G2　X26　Z-31　R5;	C 点
	G1　X26　Z-40;	E 点
N2	X32　Z-40;	E 点 x 轴方向延长线上点
	G70　P1　Q2　S1500　F0.1;	轮廓精加工复合循环指令及参数设置
	G0　X100　Z100;	快速移动到退刀、换刀点
	M30;	程序结束

【例】　图 1-36a 所示是一盖板零件. 由图可知, 各孔已加工完, 现要求将外廓铣削成图中所示的外形轮廓. 试建立工件坐标系, 并求出轮廓各基点的坐标.

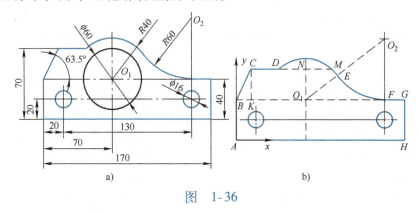

图　1-36

解: 工件坐标系原点定在工件左下角 A 点, 如图 1-36b 所示.

根据图示标注的尺寸及该零件的图形特征, 在轮廓上的基点中, 主要是 C、D、E 三点的求解.

(1) 在直角 $\triangle BKC$ 中,

因为 $CK = 70\mathrm{mm} - 40\mathrm{mm} = 30\mathrm{mm}$, $BK = CK \times \cot 63.5° = 30\mathrm{mm} \times 0.4986 = 14.96\mathrm{mm}$,

所以点 C 的坐标是 C (14.96, 70).

(2) 在半径为 40mm 的 $\odot O_1$ 中,

因为 $O_1 N \perp DM$, $\quad \therefore DN = \sqrt{O_1 D^2 - O_1 N^2} = \sqrt{40^2 - 30^2} = 26.46\mathrm{mm}$,

点 D 的横坐标为 $70\mathrm{mm} - 26.46\mathrm{mm} = 43.54\mathrm{mm}$, 则点 D 的坐标是 D (43.54, 70).

(3) 在 $\overset{\frown}{DE}$ 与 $\overset{\frown}{EF}$ 的外连接中,

因为 E 是 $\odot O_1$ 与 $\odot O_2$ 的外切点,

所以点 E 在线段 $O_1 O_2$ 上, 且分 $O_1 O_2$ 的比 $\lambda = \dfrac{O_1 E}{E O_2} = \dfrac{40}{60} = \dfrac{2}{3}$,

因为 $\odot O_1$ 与 $\odot O_2$ 的圆心坐标为 O_1 (70, 40), O_2 (150, 100),

所以 $x_E = \dfrac{70 + \dfrac{2}{3} \times 150}{1 + \dfrac{2}{3}} = 102$, $\quad y_E = \dfrac{40 + \dfrac{2}{3} \times 100}{1 + \dfrac{2}{3}} = 64$.

于是各基点及圆心点坐标如下:

A (0, 0)、B (0, 40)、C (14.96, 70)、D (43.54,

70）、E（102，64）、F（150，40）、G（170，40）、H（170，0）、O_1（70，40）、O_2（150，100）.

选择坐标原点为编程原点，加工顺序从 $A \to H$，它的数控加工参考编程如下：

序号	程序	注解
	O0001；	程序号
N10	G90　G94　G21　G40　G54　F100；	程序初始化
N20	G91　G28　Z0；	z 轴方向回参考点
N30	M3　S800；	主轴正转，800r/min
N40	G90　G00　X−20　Y−20；	快速定位到起刀点
N50	Z5　M08；	切屑液开
N60	G01　Z−2　F100；	背吃刀量为2mm
N70	G41　G01　X0　Y−15　D01；	A 点 y 轴延长线上建立刀补
N80	X0　Y40；	B 点
N90	X14.96　Y70；	C 点
N100	X43.54　Y70；	D 点
N110	G2　X102　Y64　R40；	E 点
N120	G3　X150　Y40　R60；	F 点
N130	G1　X170　Y40；	G 点
N140	X170　Y0；	H 点
N150	X−15　Y0；	A 点 x 轴延长线上点
N160	G40　G01　X−20　Y−20　M09；	取消刀补
N170	G91　G28　Z0；	返回 z 轴方向参考点
N180	M30；	程序结束

一般低端的数控系统只能做直线插补和圆弧插补的切削运动，可以理解为它仅接受由基本类型基点构成的程序命令. 如果工件轮廓是非圆曲线，其数控系统就无法直接实现插补，机床就不能做出所要求的切削运动，也就不能使工件形成所要求的非圆曲线轮廓.

问题探究：如何将工件轮廓中非圆曲线几何元素转化成直线或圆的基本几何元素呢？也就是说，如何将非基本类基点用基本类基点来替代呢？

数学处理的方法是，在满足允许的编程误差的条件下进行分割，即用若干直线段或圆弧段来逼近给定的曲线，逼近线段的交点或切点称为**节点**. 这种用直线段逼近替代曲线的方法也叫作**拟合处理**.

例如，对图 1-37a 所示的非圆曲线用直线段逼近时，其交点 A、B、C 即为节点；对图 1-37b 所示的非圆曲线用圆弧段逼近时，其交点 D、E、F 即为节点.

在编程时，求得各节点坐标后，就可按相邻两节点间的直线或圆弧来编写加工程序.

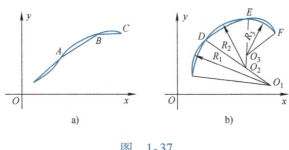

图　1-37

为方便对各种曲线、曲面的直接加工，人们一直致力于研究各种曲线的插补功能，在一些高档的数控系统中，已经出现了抛物线插补、渐开线插补、正弦线插补、螺旋线插补、球面螺旋线插补以及曲面直接插补等功能. 也就是说，像直线、圆弧的编程命令一样，机床接受直接编制的程序后工作，能产生所对应曲线的效果.

练习题 1.2

（1）什么叫基点？它有哪几种基本类型？

（2）什么叫连接？它有哪几种基本类型？连接与联结是一回事吗？

（3）内连接与外连接的弧分别有什么性质？

（4）节点是在什么情况下产生的？节点是基点吗？

（5）对外形通常是旋转体的工件，x 轴向尺寸标注一般有哪几种形式？对此，机床出厂默认的是什么方式？为什么选择这种默认方式？

（6）在数控车床上加工如图 1-38 所示的零件，试求出图中基点的坐标.

（7）分别用绝对坐标系和相对坐标系表示图 1-39 所示的燕尾型薄板零件轮廓基点.

（8）用数控铣床加工图 1-40 所示的倒"T"形工件，坯料选用一矩形块. 试建立适当的坐标系，并写出各基点（包含参考点）的坐标.

（9）已知一零件如图 1-41 所示，试确定其基点，并在绝对坐标系下标出它的坐标.

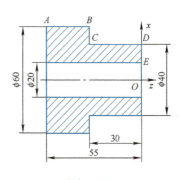

图　1-38

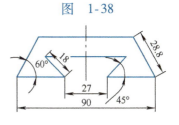

图　1-39

（10）已知一锥体零件如图 1-42 所示．现要在数控车床上加工这一零件，试作出它的轮廓图，确定基点，并用直径、半径两种方式写出其坐标．

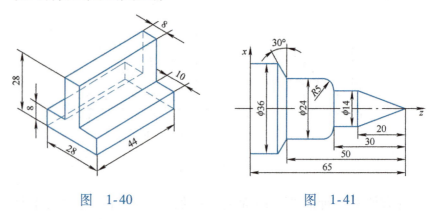

图 1-40   图 1-41

（11）一零件的截面图及尺寸如图 1-43 所示，为了加强零件的机械强度，在圆弧与直线的相交处以"倒角"圆弧相切连接，即与半径为 10 的圆弧外切、与直线相切，倒角圆的半径为 3mm．试求倒角圆圆心 O_1 与切点的坐标．

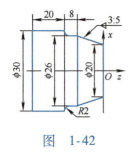

图 1-42

（12）已知某零件的外形轮廓如图 1-44 所示，试完成零件数控铣削前基点的选取及其坐标的确定．

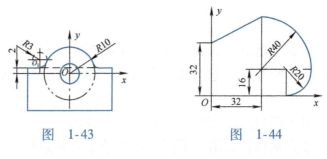

图 1-43   图 1-44

（13）数控车削如图 1-45 所示的零件，试做出它的轮廓图，确定基点，并分别用绝对坐标系与相对坐标系表示基点坐标．

（14）已知零件如图 1-46 所示，在数控铣床上对其轮廓进行铣削加工，试确定其轮廓基点及坐标．

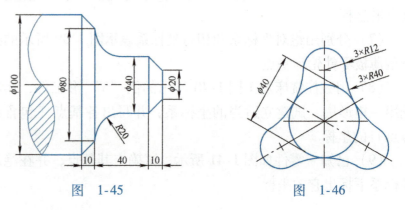

图 1-45   图 1-46

（15）图 1-47 所示为一平板模板零件，内部三圆孔及圆角矩形孔均已加工好，现需要在数控铣床上加工外轮廓，试建立适当坐标系，标出轮廓基点、基点坐标及相应的圆心坐标.

（16）图 1-48 所示是一手柄零件图. 试作出它的轮廓图、标出其基点，并分别用直径方式和半径方式写出基点的坐标（包括对应圆弧的圆心坐标）.

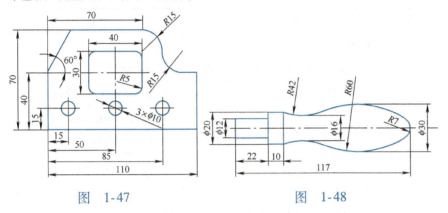

图　1-47   图　1-48

【实践作业】

课题名称：手摇柄零件的车削.

材料准备：手摇柄零件加工项目图样，人手一份，如图 1-49 所示.

现场准备：实习指导老师两人，数控车床两台，刀具及相关材料.

知识应用：圆弧的连接及其性质，工件轮廓图，基点及基点坐标，定比分点公式，两点距离公式.

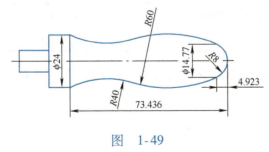

图　1-49

操作步骤：

（1）数控车床加工手摇柄类零件的初步认识. 展示数控车床加工手摇柄类零件实物；用 PPT（或相关视频材料）介绍数控车床加工手摇柄类零件的基本过程.

（2）作出手摇柄加工件轮廓图.

（3）确定其基点.

（4）建立适当坐标系. 分别用直径方式、半径方式写出基点的坐标（包括对应圆弧的圆心坐标）.

其中，对圆弧连接点基点坐标的求解展开讨论. 仅用定比分点公式能求出其坐标吗？

（5）补全下列程序并输入命令.

序号	程序	注解
	O0001；	程序号
	G0　G40　G97　G99　G21　F0.2；	程序初始化
	G0　X100　Z100；	快速移动到退刀、换刀点
	M3　S800　T0101　M8；	主轴正转，800r/min、1号车刀1号刀补、切削液开
	G42　X32　Z2；	快速定位到起刀点
	G73　U15　R10；	G73 固定形状粗加工循环及参数设置
	G73　P1　Q2　U1　W0.1　F0.2；	
N1	G0　X−1　Z2；	辅助点
	G1　X−1　Z0；	圆心 z 轴方向延长线上点
	X0　Z0；	圆心点
		基点 1
		基点 2
		基点…
	X24　Z−73.436；	
N2	Z−85；	
	G70　P1　Q2　S1500　F0.1；	轮廓精加工复合循环指令及参数设置
	G0　X100　Z100；	快速移动到退刀、换刀点
	M30；	程序结束

（6）简要介绍自定心卡盘装夹、对刀、加工外圆与圆弧面等方法.

第 2 章　直线和圆的方程

我们已经知道，数控机床数字化处理过程中，确定零件轮廓线上基点坐标是一项重要的任务.

图 2-1 所示是一零件局部的示意图及其轮廓图，图中基点有 A、B、C，其中基点 C 的坐标不能直接得到，如何求基点 C 的坐标呢？

分析可知，基点 C 是直线 AC 与 BC 的交点. 求出这两直线的交点坐标，就能得到基点 C 的坐标.

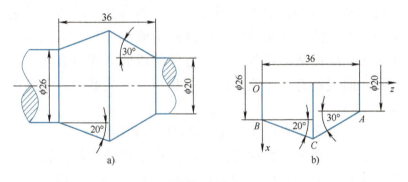

图　2-1

一般地，基点的实质是两条曲线（包括直线）的交点. 那么，如何由任意两条曲线求出其交点的坐标呢？

2.1　平面内的曲线和方程

在平面直角坐标系下，平面上的一点和一对有序实数 (x, y) 之间建立了一一对应的关系. 利用这种关系，可以知道有序实数对 x、y 构成的关系式与对应点在平面内形成的轨迹间的联系.

一、曲线与方程

我们知道：符合某种条件的点的集合叫作符合这种条件的点的轨迹. 这种轨迹的图形可以是直线、射线、圆，当然还有线段、弧等. 为此，我们可以把这种轨迹的图形称为曲线.

一般地，点对应于一对有序实数，如果点的位置变动，那么点的坐标也随之变动，在一定条件制约下，点的轨迹成为一条曲线，这种制约反映在点的坐标 x 与 y 的关系中，可用其二元方程表示，现用 $F(x, y) = 0$ 表示，这个**方程** $F(x, y) = 0$，就**叫作曲线的方程**. 就是说，一条曲线可以用代数的方程表示. 反过来，在一个二元方程 $F(x, y) = 0$ 中，把它的实数解看成点的坐标 $P_1(x_1, y_1)$、$P_2(x_2, y_2)$、$P_3(x_3, y_3)$、……，定出各点，且各点顺次连接在一起，就形成了一条曲线. 就是说，代数中的方程可以用曲线表示. 这个曲线叫作**方程的轨迹或图像**.

我们知道了曲线和方程的这种关系，就可以：

（1）已知一个关于 x、y 的二元方程，画出它的曲线.

（2）已知一条曲线的性质，求出它的方程.

二、基点与曲线方程的关系

根据曲线与方程的关系易知，两条曲线交点的坐标就是这两个曲线方程的公共实数解，即这两个曲线方程组成的方程组的实数解；反过来，若两个曲线方程组成的方程组有几组实数解，则两曲线就有几个交点. 若方程组没有实数解，则两曲线就没有交点.

所以，求曲线的交点，就是求对应方程组的解.

因此，在数字化处理的过程中，求基点的坐标，就可以看成求构成基点的两几何元素对应曲线方程组的解；进一步，就是求曲线的方程.

练习题 2.1

（1）基点是两几何元素的交点，求基点的坐标与这两元素所在的曲线方程有什么关系？

（2）由直线和圆弧组成的平面轮廓，数控编程时数值计算的主要任务是求各（　　）坐标.

  A. 节点   B. 基点   C. 切点   D. 交点

（3）构成基点 A 的两几何元素对应曲线是 $y = x^2$ 与 $y = 2x - 1$，求基点 A 的坐标.

2.2　直线型基点与直线方程

几何元素中直线与直线构成的基点是最常见的. 在前文图 2-1 所示中，基点 C 是直线 AC 与 BC 的交点，只要知道了直线 AC 与直线 BC 的方程，求它们方程组的解，就得到了它们的交点坐标. 这样，基点 C 的坐标就确定了. 那直线的方程是如何表述的呢？

一、直线的方程

我们知道，一次函数 $y = kx + b$（$k \neq 0$）在平面直角坐标系中的图像是一条直线. 它也可以看成关于 x、y 的二元一次方程，并且能够知道以二元一次方程 $y = kx + b$ 的解作为坐标的点都在此直线上；反过来，此直线上的点的坐标都是这个二元一次方程 $y = kx + b$ 的解. 所以这个二元一次方程 $y = kx + b$ 就是这条直线的方程，反之亦然.

一般地，对于二元一次方程 $Ax + By + C = 0$（A、B 不同为零）的图像都是一条直线. 它叫作直线的**一般式方程**.

二、直线方程的几种形式

对于各种不同的情形，还可得到直线方程的其他表述形式.

（一）点斜式方程

在体育运动项目台球中，用球杆击球的事实告诉我们：一个点与一个方向就决定了一条直线. 这个方向我们用直线的倾斜角与斜率的概念加以描述.

直线的倾斜角：设一条直线与 x 轴相交，如果把 x 轴围绕此交点依逆时针方向转到与这直线重合时所成的角设为 α，则称 α 是**直线的倾斜角**，如图 2-2 所示.

当直线 l 与 x 轴重合或平行时，规定直线 l 的倾斜角 $\alpha = 0°$. 所以，直线的倾斜角 α 的范围是 $0° \leqslant \alpha < 180°$.

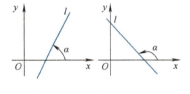

图　2-2

直线的斜率：一条直线倾斜角的正切，称为这条**直线的斜率**，用 k 表示，即 $k = \tan\alpha$.

如果直线过 $P_1(x_1, y_1)$、$P_2(x_2, y_2)$ 两点，且不与 x 轴垂直（即 $x_1 \neq x_2$），那么斜率 $k = \dfrac{y_2 - y_1}{x_2 - x_1}$. 即直线的斜率等于直线上任意两点的纵坐标的差与对应横坐标的差的比.

若已知直线的斜率为 k，且经过定点 $P_1(x_1, y_1)$，那么该直线的方程是 $y - y_1 = k(x - x_1)$. 这个方程叫作直线的**点斜式方程**.

（二）两点式方程

在生产活动中，先定两个点，就可划出一条确定的直线的现象普遍存在，例如钳工的划线. 这些事实说明了两点决定一条直线. 若直线经过已知两点 $P_1(x_1, y_1)$、$P_2(x_2, y_2)$，则根据同一直线上的斜率相等，就有此直线的方程是 $\dfrac{y-y_1}{y_1-y_2}=\dfrac{x-x_1}{x_1-x_2}$，这个方程叫作直线的**两点式方程**.

【例】 已知一零件的示意图如图 2-3 所示，在建立图示的坐标系下，求圆心 O_1、圆心 O_2 与圆心 O_3 各连心线所在直线的方程.

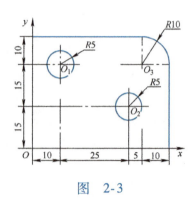

图 2-3

解：据图中标注数据可知：$O_1(10，30)$、$O_2(35，15)$ 和 $O_3(40，30)$.

显然，O_1O_3 的直线方程是 $y=30$；

由两点式方程，得所求 O_1O_2 的直线方程是 $\dfrac{y-30}{30-15}=\dfrac{x-10}{10-35}$，

即　$3x+5y-180=0$；

同理，O_2O_3 的直线方程是 $3x-y-90=0$.

（三）斜截式方程

已知一点是 y 轴上的一特殊点，即若直线与 y 轴相交于点 $B(0，b)$，斜率为 k，则根据点斜式方程，有该直线的方程是 $y-b=k(x-0)$，即 $y=kx+b$，我们把这直线与 y 轴的交点 $B(0，b)$ 的纵坐标 b 叫作它在 y 轴上的纵截距. 这个方程叫作**斜截式方程**.

问题思考："截距"的概念是指其距离吗?

【例】 图 2-4 所示是一零件的轮廓图，试根据图示，求出直线 AC、BC、AB 和 DE 的方程.

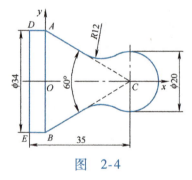

图 2-4

解：由图可知：直线 AC 在 y 轴上的截距是 17，倾斜角是 $150°$，所以，AC 所在直线的方程是 $y=\tan 150°x+17$，

即 $y=-\dfrac{\sqrt{3}}{3}x+17$；

同理，BC 所在直线的方程是 $y=\dfrac{\sqrt{3}}{3}x-17$；

AB 在 y 轴上，AB 直线的方程是 $x=0$.

$OC=OA\times\tan 60°=17\sqrt{3}$，则直线 DE 的方程是 $x=-(35-17\sqrt{3})$.

（四）截距式方程

若已知两点：直线与 x 轴的交点 $A(a，0)$、与 y 轴的交点 $B(0，b)$，则据两点式方程，得 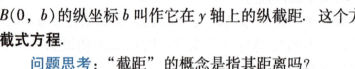 $\dfrac{x-a}{a-0}=\dfrac{y-0}{0-b}$，$\dfrac{x}{a}-1=-\dfrac{y}{b}$，即 $\dfrac{x}{a}+$

$\dfrac{y}{b}=1$（其中 $a\neq 0$，$b\neq 0$），这个方程叫作直线的**截距式方程**.

其中 a 叫作直线在 x 轴上的横截距.

【**例**】　如图 2-5 所示，已知正方形 $ABCD$ 的边长是 4，对角线 AC、BD 的交点 O 为坐标原点，E、F 分别为 AO、BO 的中点，求直线 EF 的方程.

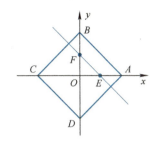

图　2-5

解：根据题意，对角线 AC、BD 长均为 $4\sqrt{2}$，E、F 点的坐标分别是 $(\sqrt{2}, 0)$，$(0, \sqrt{2})$. 由截距式方程得

直线 EF：$\dfrac{x}{\sqrt{2}}+\dfrac{y}{\sqrt{2}}=1$，就是 $x+y-\sqrt{2}=0$.

问题思考：前面我们学习了直线方程的五种表达形式，一般情况下，如何灵活选用它们来求未知直线的方程呢？用点斜式方程要注意什么？斜截式呢？截距式与两点式呢？

三、两直线的关系及点到直线的距离

我们知道，同一平面内的两条直线有相交与平行（包括重合）两种情形. 若相交，就有交点、夹角与垂直的问题；若平行，就有它们之间平行的条件与距离的问题. 这些问题，像图 2-1 中求两直线的交点一样，在数控加工的数字化及其他生产实践中也常会遇到.

设直线 l_1：$y=k_1x+b_1$，直线 l_2：$y=k_2x+b_2$. 它们与 x 轴的倾斜角分别是 α_1，α_2.

（一）两直线的平行

如图 2-6a 所示，若直线 l_1 和直线 l_2 的斜率存在，则 $l_1\parallel l_2$ $\Leftrightarrow k_1=k_2$. 如图 2-6b 所示，若直线 l_1 和直线 l_2 斜率不存在，即其与 x 轴的倾斜角都为 $90°$，显然 $l_1\parallel l_2$.

（二）两直线的交角

如图 2-7 所示，直线 l_1 和 l_2 夹角 θ_1 是指 l_1 按逆时针方向转到 l_2 的角；直线 l_2 和 l_1 夹角 θ_2 是指 l_2 按逆时针方向转到 l_1 的角；两直线的夹角 θ 是 $0°\leqslant\theta<180°$.

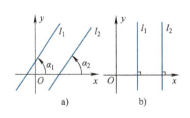

图　2-6

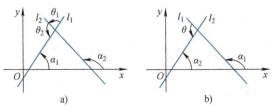

图　2-7

对于任意两直线夹角 θ，都有 $\tan\theta = \dfrac{\tan\alpha_2 - \tan\alpha_1}{1 + \tan\alpha_2\tan\alpha_1}$，由此可以推出两直线的夹角公式：$\tan\theta = \dfrac{k_2 - k_1}{1 + k_2 k_1}$.

在上述两直线的夹角公式使用中，要注意的是：k_1 是第一条直线的斜率，k_2 是第二条直线的斜率，所求夹角是第一条直线逆时针转到第二条直线位置形成的角；若 k_1 与 k_2 中有一不存在，即有一条直线倾斜角为 $90°$，则利用它们互余关系，可直接求出夹角；若 k_1 与 k_2 均不存在，即都垂直于 x 轴，则 $l_1 /\!/ l_2$，夹角 $\theta = 0°$.

【例】　求直线 $2x - 3y + 5 = 0$ 到直线 $x + 2y + 2 = 0$ 的夹角.

解：设所求的角为 θ，则据题意可知，直线 $2x - 3y + 5 = 0$ 是角 θ 的始边，直线 $x + 2y + 2 = 0$ 是角 θ 的终边，如图 2-8 所示. 于是有 $k_{始} = \dfrac{2}{3}$，$k_{终} = -\dfrac{1}{2}$，所以

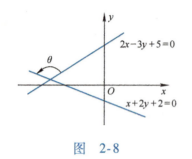

图　2-8

$$\tan\theta = \frac{k_{终} - k_{始}}{1 + k_{终}\, k_{始}} = \frac{-\dfrac{1}{2} - \dfrac{2}{3}}{1 - \dfrac{1}{2} \times \dfrac{2}{3}} = -\frac{7}{4},$$

θ 为钝角，$\theta \approx 119°45'$.

假如上题中不指明求哪一个角，仅说求两条直线间的夹角，那么两条直线中的任一条都可成为始边，则所求角有两种可能，但两者应互为补角.

（三）两直线的垂直

$l_1 \perp l_2 \Leftrightarrow k_1 k_2 = -1$.

问题思考：若 $l_1 \perp l_2$，且 l_1 的斜率 k_1 不存在，那么 l_2 的斜率 k_2 情况如何呢？

【例】　如图 2-9 所示为一零件箱体的一部分，直线 CB 与弧 $\overset{\frown}{BD}$ 相切于点 B，且切点 B 的坐标为（80，60），与 y 轴相交于点 C，求 OC 的长.

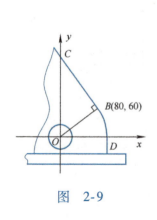

图　2-9

解：因为直线 OB 的斜率 $k_1 = \dfrac{60}{80} = \dfrac{3}{4}$，

直线 CB 与弧 $\overset{\frown}{BD}$ 相切于 B，则 $CB \perp OB$，设直线 CB 的斜率为 k_2，则 $k_1 k_2 = -1$，直线 CB 的斜率 k_2 为 $-\dfrac{4}{3}$，

于是，直线 CB 的方程是 $y - 60 = -\dfrac{4}{3}(x - 80)$，即 $y = -\dfrac{4}{3}x + \dfrac{500}{3}$，

所以 $OC = \dfrac{500}{3}$.

（四）点到直线的距离

一般地，已知点 $P_0(x_0, y_0)$，直线 l：$Ax + By + C = 0$，那么，设点 P_0 到直线 l 的距离为 d，则 $d = \dfrac{|Ax_0 + By_0 + C|}{\sqrt{A^2 + B^2}}$，称此式为**点到直线的距离公式**.

【例】　如图 2-10 所示，一工件的轮廓线为 $OABCD$，C、D 为切点，为了合理下料，试求出尺寸 H 与 CB 的长度.

解：根据题意，得 $k_{AB} = \tan(180° - 120°) = \sqrt{3}$

因 $CB \perp AB$，则 $k_{AB} \times k_{CB} = -1$，$k_{CB} = -\dfrac{1}{\sqrt{3}}$，

在直角 $\triangle AEB$ 中，$BE = AE \times \tan 60° = 30\sqrt{3}$，点 B 的坐标是 $(70, 30\sqrt{3})$，直线 CB 的方程是 $y - 30\sqrt{3} = -\dfrac{1}{\sqrt{3}}(x - 70)$，即 $x + \sqrt{3}y - 160 = 0$，

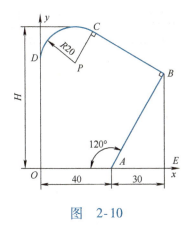

图　2-10

设点 P 的坐标是 $(20, y_0)$，因为 CB 与 $\odot P$ 的弧 $\overset{\frown}{DC}$ 相切，所以点 P 到直线 CB 的距离是 20，即 $\dfrac{|20 + \sqrt{3}y_0 - 160|}{\sqrt{1^2 + (\sqrt{3})^2}} = 20$，$y_0 = 57.74$（$y_0' = 103.93$ 不合题意，舍去），则 $H = 57.74 + 20 = 77.74$.

由图知 CB 的长度即为点 $P(20, 57.74)$ 到直线 AB 的距离，直线 AB 的方程是 $y - 0 = \sqrt{3}(x - 40)$，即 $\sqrt{3}x - y - 40\sqrt{3} = 0$，$d_{CB} = \dfrac{|20\sqrt{3} - 57.74 - 40\sqrt{3}|}{\sqrt{(\sqrt{3})^2 + (-1)^2}} = 46.19$.

则 CB 的长度是 46.19.

问题思考：在求得 P 点坐标后，能用另外的方法直接求 CB 的长度吗？

练习题 2.2

（1）根据下列条件求直线的方程：

1）经过点 $P(-3, 2)$，且平行于直线 $x + 2y - 4 = 0$；

2）在 y 轴上截距是 -2，且与倾斜角为 $30°$ 的一直线的夹角为 $45°$；

3）过点 $P\left(-\dfrac{1}{2}, 2\right)$，且垂直于斜率为 $\dfrac{2}{3}$ 的直线；

4）经过原点，且与 $P(2, 1)$ 的距离等于 $\dfrac{3\sqrt{5}}{5}$；

（2）已知直线 l_1：$A_1x + B_1y + C_1 = 0$ 与直线 l_2：$A_2x + B_2y + C_2 = 0$ 相交，设 l_1 与 l_2 的夹角为 α，试证：$\tan\alpha = \dfrac{A_1B_2 - A_2B_1}{A_1A_2 + B_1B_2}$.

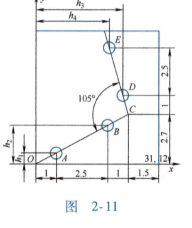

图　2-11

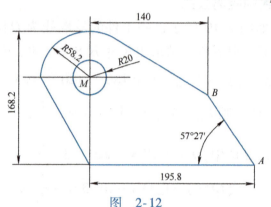

图　2-12

（3）某安装工地采用加装固定托板的方法对成 105°角转弯连接的管道加固. 现需要在托板上划线钻孔装固定件，试根据图 2-11，求划线时所要的 h_1、h_2、h_3 和 h_4 的尺寸数据（单位为 m，精确到 0.01）.

（4）已知一零件的尺寸如图 2-12 所示，在对其加工的过程中，需要知道点 M 到直线 AB 的距离，试在建立合适的坐标系后，求出点 M 到直线 AB 的距离.

（5）已知一零件的局部结构和尺寸如图 2-13 所示，在铣削型腔时需要计算图中 B、C 孔中心所在直线与水平线的夹角以及尺寸 H. 试在建立适当的坐标系后求之.

（6）已知，图 2-14 所示为一爪支架的示意图，孔中心 A 到直线 BC 的距离 AD 是一检验尺寸，试求之.

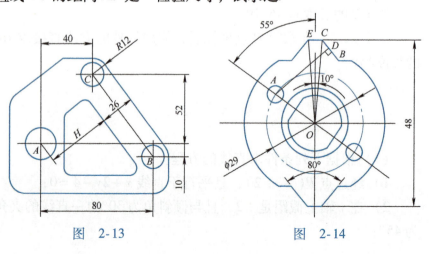

图　2-13　　　　　　　　　图　2-14

2.3　用直线方程求直线型基点坐标

直线型基点是两直线的交点，所以只要求两直线方程组成的方程组的解.

现在我们一起来解决本章开头提出的问题.

建立如图 2-15a 所示的坐标系，则点 A 的坐标是（36，-10），点 B 的坐标是（0，-13）.

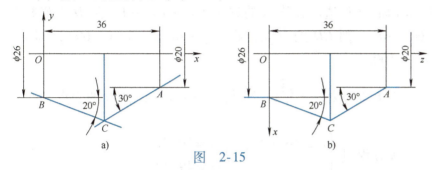

图　2-15

因为直线 CA 的斜率 $k_{CA} = \tan 30° = 0.577$，所以直线 CA 的方程是 $y + 10 = 0.577(x - 36)$，即 $0.577x - y - 30.772 = 0$.

又因为直线 BC 的斜率 $k_{BC} = \tan(180° - 20°) = -\tan 20° = -0.364$，所以直线 BC 的方程是 $y + 13 = -0.364(x - 0)$，即 $0.364x + y + 13 = 0$.

解方程组 $\begin{cases} 0.577x - y - 30.772 = 0, \\ 0.364x + y + 13 = 0 \end{cases}$ 得 $\begin{cases} x = 18.89, \\ y = -19.88. \end{cases}$

在图 2-15a 所示的坐标系中，C 点的坐标是（18.89，-19.88），然而，按照数控机床加工零件的要求，建立以左端面旋转中心为坐标原点的工件坐标系，如图 2-15b 所示，则基点坐标见下表：

坐标		A	B	C
x	直径方式编程	20	26	39.76
	半径方式编程	10	13	19.88
z		36	0	18.89

【例】　已知一零件的轮廓图，如图 2-16 所示，试求①轮廓线 BC 与 CD 所在直线的方程；②基点 A、B、C、D 和 E 的坐标.

解：①由 BC 边 $i = 1 : \sqrt{3}$ 知，BC 边的斜率 $k = \tan\alpha = i = 1 : \sqrt{3}$，又截距 b 为 20，则 BC 的直线方程是 $y = \dfrac{\sqrt{3}}{3}x + 20$；由 CD 边的

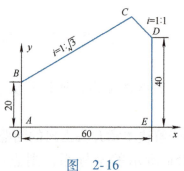

图　2-16

$i = 1\colon 1$ 知，CD 边所在直线的斜率 $k = -i = -1$，又 D 点坐标是 $(60，40)$，则 CD 的直线方程是 $y - 40 = -1(x - 60)$，即 $y = -x + 100$.

② C 是直线 $y = \dfrac{\sqrt{3}}{3}x + 20$ 与直线 $y = -x + 100$ 的交点，

解方程组 $\begin{cases} y = \dfrac{\sqrt{3}}{3}x + 20, \\ y = -x + 100 \end{cases}$ 得 $\begin{cases} x = 50.71, \\ y = 49.29. \end{cases}$

所以基点坐标分别为 $A(0，0)$、$B(0，20)$、$C(50.71，49.29)$、$D(60，40)$ 和 $E(60，0)$.

参考编程为：数控铣床程序（FANUC 系统），选择坐标原点为编程原点，加工顺序为顺时针方向 $A \to E \to A$.

序号	程序	注解
	O0001；	程序号
N10	G90　G94　G21　G40　G54　F100；	程序初始化
N20	G91　G28　Z0；	z 轴方向回参考点
N30	M3　S800；	主轴正转，800r/min
N40	G90　G00　X-20　Y-20；	快速定位到起刀点
N50	Z20　M08；	切屑液开
N60	G01　Z-5　F100；	背吃刀量为 5mm
N70	G41　G01　X0　Y-15　D01；	A 点 y 轴延长线上建立刀补
N80	X0　Y20；	B 点
N90	X50.71　Y49.29；	C 点
N100	X60　Y40；	D 点
N110	X60　Y0；	E 点
N120	X-15　Y0；	A 点 x 轴延长线上点
N130	G40　G01　X-20　Y-20　M09；	取消刀补
N140	G91　G28　Z0；	返回 z 轴方向参考点
N150	M30；	程序结束

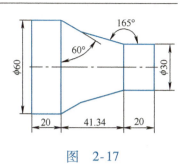

图　2-17

练习题 2.3

（1）图 2-17 所示是一零件的一部分，试建立适当的坐标系，确定其基点及坐标（用直径方式表示）.

（2）图 2-18 所示是一零件的一部分，用轮廓铣加工，试建立适当的坐标系，确定其基点及坐标.

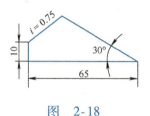

图　2-18

2.4　直线和圆构成的基点与圆方程

在加工轮廓图的基点中，直线与圆弧相交、相切构成基点是普遍的情形.

在图 2-19 所示的零件中，A、B、C、D、E 为基点. 据图容易得 A、B、D、E 的坐标值；C 点坐标不能迅速得到. 但注意到 C 点是直线 BC 与圆弧 $\overparen{CD}$ 的切点，根据曲线与方程的关系可知，只要知道对应的直线与圆的方程，求其联立方程的解，就能得基点 C 的坐标. 因此，要求圆弧所在圆的方程.

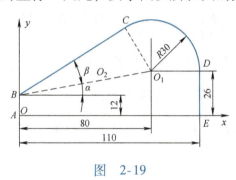

图　2-19

为此，我们在认识圆的方程的基础知识后，实施其基点的求解.

一、圆的标准式方程

圆心是 $C(a, b)$、半径是 r 的圆的方程是
$$(x - a)^2 + (y - b)^2 = r^2,$$
这个方程叫作**圆的标准式方程**.

【例】　在图 2-19 所示中，试根据图示标注，求：①弧 $\overparen{CD}$ 所在圆的方程；②经过 O_1、B、C 三点的圆方程.

解：根据图示标注，有

① 圆心 O_1 的坐标是（80，26），半径是 30，所以弧 $\overparen{CD}$ 所在

圆的方程是 $(x-80)^2+(y-26)^2=30^2$；

② 弧 $\overset{\frown}{BC}$ 与弧 $\overset{\frown}{CD}$ 所在圆相切于点 C，则 $\angle BCO_1$ 是直角，所以 BO_1 是经过 O_1、B、C 三点圆的直径；又因为 O_1、B 的坐标分别是（80，26）、（0，12），所以圆心坐标是 O_2（40，19），其圆半径是 $\dfrac{1}{2}\sqrt{(80-0)^2+(26-12)^2}=\sqrt{1649}$，则过 O_1、B、C 三点的圆方程是 $(x-40)^2+(y-19)^2=1649$.

二、圆的一般式方程

方程 $x^2+y^2+Dx+Ey+F=0$ 叫作**圆的一般式方程**，它以二次项系数相同、不等于零且缺少一次项的形式特征，作为一个二元二次方程表示圆的必要条件，由三个独立的条件求出圆方程.

因为方程 $x^2+y^2+Dx+Ey+F=0$ 经过配方可以化成

$$\left(x+\frac{D}{2}\right)^2+\left(y+\frac{E}{2}\right)^2=\frac{D^2+E^2-4F}{4}.$$

① 若 $D^2+E^2-4F>0$，则上述方程的轨迹是一个圆，它的圆心是 $\left(-\dfrac{D}{2},\ -\dfrac{E}{2}\right)$，半径是 $r=\dfrac{\sqrt{D^2+E^2-4F}}{2}$；

② 若 $D^2+E^2-4F=0$，即半径 $r=0$，则上述方程的轨迹缩小成一点 $\left(-\dfrac{D}{2},\ -\dfrac{E}{2}\right)$，可称为点圆；

③ 若 $D^2+E^2-4F<0$，方程无实数解，则上述方程没有轨迹，可称为虚圆.

三、点与圆的位置关系

显然，点 $P_1(x_1,y_1)$ 与圆 $(x-a)^2+(y-b)^2=r^2$ 的位置关系有

① 点 $P_1(x_1,y_1)$ 在圆内 $\Leftrightarrow$ $\sqrt{(x_1-a)^2+(y_1-b)^2}<r$；

② 点 $P_1(x_1,y_1)$ 在圆上 $\Leftrightarrow$ $\sqrt{(x_1-a)^2+(y_1-b)^2}=r$；

③ 点 $P_1(x_1,y_1)$ 在圆外 $\Leftrightarrow$ $\sqrt{(x_1-a)^2+(y_1-b)^2}>r$.

四、直线与圆的位置关系

我们知道，直线与圆有相交、相切和相离三种位置关系，它们的这种关系与对应的方程之间又有什么联系呢？结论如下表所示.

位置关系	相交	相切	相离
交点情况	有两个交点	有且仅有一个交点	没有交点
图形表示			
圆心距与半径	$d < r$	$d = r$	$d > r$
直线方程与圆方程之间关系	$\dfrac{\lvert Aa + Bb + C \rvert}{\sqrt{A^2 + B^2}} < r$	$\dfrac{\lvert Aa + Bb + C \rvert}{\sqrt{A^2 + B^2}} = r$	$\dfrac{\lvert Aa + Bb + C \rvert}{\sqrt{A^2 + B^2}} > r$
	方程组有两组不同的实数解	方程组仅有一组解（即两组相同实数解）	方程组没有实数解

$$\begin{cases}(x-a)^2 + (y-b)^2 = r^2 \\ Ax + By + C = 0\end{cases}$$

方程组消去 y 得 $px^2 + qx + t = 0$

$\Delta > 0$	$\Delta = 0$	$\Delta < 0$

五、圆的切线方程

利用圆的切线的判定定理及性质定理等, 易得圆的切线方程.

（一）经过圆上一点的圆的切线方程

设 $P_0(x_0, y_0)$ 是圆 $x^2 + y^2 = r^2$ 上一点, l 是过 P_0 点的切线, 则 $\lvert OP_0 \rvert = r$, 且 $l \perp OP_0$.

因为 OP_0 的斜率是 $\dfrac{y_0}{x_0}$, 所以它的垂线 l 的斜率是 $-\dfrac{x_0}{y_0}$, 则切线 l 的方程是 $y - y_0 = -\dfrac{x_0}{y_0}(x - x_0)$, 即 $x_0 x + y_0 y = x_0^2 + y_0^2$, 又因 $P_0(x_0, y_0)$ 是圆 $x^2 + y^2 = r^2$ 上的一点, 应有 $x_0^2 + y_0^2 = r^2$, 则所求的切线方程是 $x_0 x + y_0 y = r^2$.

为了方便, 人们把经过切点垂直于切线的直线叫作**法线**. 因切线与法线互相垂直, 它们斜率的积为 -1, 即互为负倒数. 在圆中的法线就是切点与圆心连线（过切点的半径）所在的直线.

问题探究：至此, 你能得到求过圆 $x^2 + y^2 = r^2$ 上一点 $P_0(x_0, y_0)$ 的切线方程的简单方法吗?

观察切线方程 $x_0 x + y_0 y = r^2$ 的形式, 其简单方法是用 $x_0 x$、$y_0 y$

分别替代圆 $x^2+y^2=r^2$ 中的 x^2、y^2，即得切线方程 $x_0x+y_0y=r^2$.

既然如此，我们会产生这样的念头：对于过圆的标准方程 $(x-a)^2+(y-b)^2=r^2$ 上一点 $P_0(x_0, y_0)$ 的切线方程，能作如下类比猜想吗？

用 $(x_0-a)(x-a)$、$(y_0-b)(y-b)$ 分别替代圆的标准式方程中的 $(x-a)^2$、$(y-b)^2$，得其切线方程是 $(x_0-a)(x-a)+(y_0-b)(y-b)=r^2$.

用类似上述的求解方法，能证明这样的猜想是成立的.

对于圆的一般方程：$x^2+y^2+Dx+Ey+F=0$，过圆上一点 $P_0(x_0, y_0)$ 的切线方程为

$$x_0x+y_0y+D\left(\frac{x+x_0}{2}\right)+E\left(\frac{y+y_0}{2}\right)+F=0$$

观察这一切线方程的形式，可知其简单方法是用 x_0x、y_0y、$\frac{x+x_0}{2}$ 和 $\frac{y+y_0}{2}$ 分别替代圆的一般式方程 $x^2+y^2+Dx+Ey+F=0$ 中的 x^2、y^2、x 和 y，即得切线方程 $x_0x+y_0y+D\left(\frac{x+x_0}{2}\right)+E\left(\frac{y+y_0}{2}\right)+F=0$.

（二）经过圆外一点的圆的切线方程

设 $P_1(x_1, y_1)$ 是圆 $x^2+y^2=r^2$ 外的一点，l 是过 P_1 点且与圆相切的直线.

根据上述求过圆上切点的圆的切线方程可知，只要知道切点，切线方程也就容易得到了. 所以求经过圆外一点的圆的切线方程的关键是求切点.

设所求切线的切点是 $P_0(x_0, y_0)$，则切线方程是 $x_0x+y_0y=r^2$；它是过点 $P_1(x_1, y_1)$ 的直线，所以 $x_1x_0+y_1y_0=r^2$；又因为 $P_0(x_0, y_0)$ 在圆上，它的坐标满足圆的方程，有 $x_0^2+y_0^2=r^2$.

解方程组 $\begin{cases} x_0^2+y_0^2=r^2, \\ x_1x_0+y_1y_0=r^2 \end{cases}$ 求出 x_0 和 y_0，就得到所求切线方程了.

练习题 2.4

（1）求下列圆的方程：

1）圆心 $M(2, -3)$，半径 $r=4$；

2）圆心 $M(0,3)$，半径 $r=\sqrt{5}$；

3）圆与坐标轴的三个交点分别为 $A(0,3)$、$B(0,-3)$、$C(9,0)$.

（2）一圆的方程为 $x^2+y^2-4x-6y+9=0$，试判断该圆分别与两坐标轴所在的直线的位置关系.

（3）试先判断点 $P(4,-3)$ 与圆 $x^2+y^2=25$ 的位置关系，再求过该点且与此圆相切的直线方程.

（4）求以 $C(1,3)$ 为圆心，并且和直线 $3x-4y-7=0$ 相切的圆的方程.

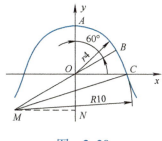

图　2-20

（5）图 2-20 所示为一自行车的飞轮齿廓曲线的一部分，其中弧 $\overset{\frown}{AB}$ 是一段圆弧，它的圆心是点 O，半径是 4mm，圆心角 α 为 60°；弧 $\overset{\frown}{BC}$ 也是一段圆弧，它的圆心是点 M，半径是 10mm，试求弧 $\overset{\frown}{AB}$、弧 $\overset{\frown}{BC}$ 所在圆的方程.

2.5　求直线与圆形成的基点举例

我们一起来解决本章开头提出的问题，即直线与圆弧相交、相切构成的基点的计算问题.

【例】　已知如图 2-21 所示的零件，A、B、C、D、E 为基点，在数控机床加工，编程时需要计算各基点的坐标值，试根据图示尺寸求出各点坐标.

分析：建立如图 2-21 所示的直角坐标系，显然，A、B、D、E 基点的坐标分别是 $A(0,0)$、$B(0,12)$、$D(110,26)$、$E(110,0)$，重点是求 C 点的坐标. C 点是直线与圆弧的切点. 根据曲线与方程的关系可知，只要知道直线与圆的方程，求联立方程的解，即得 C 点坐标.

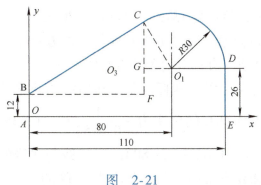

图　2-21

解：因为 O_1 坐标是（80,26），⊙O_1 半径为 30，所以

$\odot O_1$ 的方程是 $(x-80)^2 + (y-26)^2 = 30^2$.

$$BO_1 = \sqrt{(80-0)^2 + (26-12)^2} = 2\sqrt{1649} \approx 81.216,$$

由 $\tan\alpha = \dfrac{26-12}{80} = \dfrac{7}{40} \approx 0.175,$

$$\sin\beta = \dfrac{30}{81.216} \approx 0.3694, \cos\beta = \sqrt{1-0.3694^2} \approx 0.9292,$$

$$\tan\beta = \dfrac{\sin\beta}{\cos\beta} = \dfrac{0.3694}{0.9292} \approx 0.3975,$$

$$\tan(\alpha+\beta) = \dfrac{\tan\alpha + \tan\beta}{1-\tan\alpha\tan\beta} = \dfrac{0.175 + 0.3975}{1-0.175 \times 0.3975} \approx 0.6153,$$

得直线 BC 的方程是 $y = 0.6153x + 12,$

解方程组 $\begin{cases} y = 0.6153x + 12, \\ (x-80)^2 + (y-26)^2 = 30^2 \end{cases}$，　　得 $\begin{cases} x = 64.279, \\ y = 51.551, \end{cases}$

则 C 点的坐标为 $(64.279, 51.551)$.

问题探究：（1）能有其他的方法求直线 BC 的斜率 k 吗？

直线 BC 与 $\odot O_1$ 相切，那么它们对应方程组的解应相等．其中，根的判别式 $\Delta = 0$.

$$\begin{cases} y = kx + 12, & (1) \\ (x-80)^2 + (y-26)^2 = 30^2 & (2) \end{cases}$$

将式（1）代入式（2）整理得

$(k^2+1)x^2 - (28k+160)x + 5696 = 0,$

$\Delta = (28k+160)^2 - 4 \times (k^2+1) \times 5696 = 0,$

$1375k^2 - 560k - 176 = 0,$

解得 $k_1 = 0.6153, k_2 = -0.2080$（不合题意，舍去）.

或，因直线 BC 与 $\odot O_1$ 相切，所以有 $d = r$，即 $O_1(80, 26)$ 到直线 $y = kx + 12$ 的距离与 $\odot O_1$ 的半径相同，其值为 30，即

$$\dfrac{|80k-26+12|}{\sqrt{k^2+1}} = 30,$$

两边平方，整理得 $1375k^2 - 560k - 176 = 0$（下略）.

（2）我们会感觉到解切线方程与圆的方程组成的二元二次方程组运算麻烦．有相对简单的方法吗？

注意到法线与切线垂直，在已知切线的斜率后，可知其法线的斜率，法线 O_1C 的斜率为 $-\dfrac{1}{0.6153} \approx -1.6252$，求出法线方程为 $y - 26 = -1.6252(x-80)$. 因切线与法线的交点即为切点 C，切线和法线的方程组成较为简单的二元一次方程组 $\begin{cases} y = 0.6153x + 12, \\ y - 26 = -1.6252(x-80) \end{cases}$ 它的解即为切点 C 的坐标．这种解法

相对简便一点.

若注意到 $O_1C \perp BC$，BO_1 是过 B、C、O_1 三点的圆 O_2 的直径，BO_1 中点 O_2 的坐标是 $(40, 19)$，则有 $\odot O_2$ 的方程是 $(x - 40)^2 + (y - 19)^2 = 1649$，$C$ 点是 $\odot O_1$ 与 $\odot O_2$ 的交点，解它们组成的二元二次方程组 $\begin{cases} (x - 40)^2 + (y - 19)^2 = 1649, \\ (x - 80)^2 + (y - 26)^2 = 30^2 \end{cases}$ 符合题意的一组解是 C 点坐标. 当然这种解法的运算还有些麻烦.

如图 2-21 所示. 注意到作适当的垂线 CF，O_1G，有直角 $\triangle CFB \backsim$ 直角 $\triangle O_1GC$，就有 $\dfrac{CF}{FB} = \dfrac{O_1G}{GC}$，设 $O_1G = m$，有

$\dfrac{14 + \sqrt{30^2 - m^2}}{80 - m} = \dfrac{m}{\sqrt{30^2 - m^2}}$，可转化为 $1649m^2 - 36000m + 158400 = 0$，解之得 $m_1 = 15.7214$，$m_2 = 6.1100$（不合题意，舍去）. 于是，C 点横坐标 $x = 80 - 15.7214 = 64.279$，纵坐标 $y = 26 + \sqrt{30^2 - 15.7214^2} = 51.551$ 即 C 点坐标为 $(64.279, 51.551)$.

问题思考：①以上各种解法运用的主要知识点是什么？②在具体求解上各有什么特点？哪种方法较有普遍意义？

【例】　已知一零件如图 2-22 所示，试在建立适当坐标系后，求出轮廓线的基点坐标.

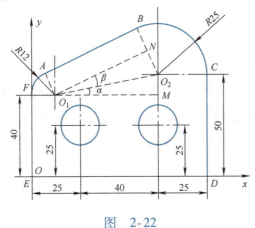

图　2-22

解：建立图 2-22 所示的坐标系，基点是 A、B、C、D、E、F，且易知 $C(90, 50)$、$D(90, 0)$、$E(0, 0)$、$F(0, 40)$.

AB 是 $\odot O_1$ 与 $\odot O_2$ 的外公切线，现要求切点 A、B 的坐标，先求直线 AB 的斜率.

由图可知，在直角 $\triangle O_1MO_2$ 中，

$$\tan\alpha = \frac{50 - 40}{25 + 40 - 12} = \frac{10}{53} \approx 0.1887, \text{ 得 } \alpha = 10°41'.$$

在直角 $\triangle O_1 N O_2$ 中，

$$O_1 O_2 = \sqrt{(50 - 40)^2 + (40 + 25 - 12)^2} \approx 53.9351,$$

$$\sin\beta = \frac{NO_2}{O_1 O_2} = \frac{25 - 12}{53.9351} \approx 0.2410, \text{ 得 } \beta = 13°57'.$$

切线 AB 的斜率 $k = \tan(\alpha + \beta) = \tan(10°41' + 13°57') \approx$ 0.4585,

因法线与切线互相垂直，所以法线 AO_1 的斜率是 $-\frac{1}{k} \approx$ -2.1810,

法线 AO_1 方程 $y - 40 = -2.1810(x - 12)$，$\odot O_1$ 方程 $(x - 12)^2 + (y - 40)^2 = 12^2$,

解方程组 $\begin{cases} y - 40 = -2.1810(x - 12), \\ (x - 12)^2 + (y - 40)^2 = 12^2 \end{cases}$ 得 $\begin{cases} x_1 \approx 7.00, \\ y_1 \approx 50.91 \end{cases}$

$\begin{cases} x_2 \approx 17.00 \\ y_2 \approx 29.09 \end{cases}$（舍去）.

所以 A 点的坐标是 $(7.00, 50.91)$.

同理，解方程组 $\begin{cases} y - 50 = -2.1810(x - 65), \\ (x - 65)^2 + (y - 50)^2 = 25^2 \end{cases}$ 得 $\begin{cases} x_1 \approx 54.52, \\ y_1 \approx 72.70 \end{cases}$

$\begin{cases} x_2 \approx 75.48 \\ y_2 \approx 27.30 \end{cases}$（舍去）.

所以 B 点的坐标是 $(54.52, 72.70)$.

问题思考：①解方程组中两组解舍去的根据是什么？它有几何意义吗？②能回避用解二元二次方程组的解法吗？即像上例，解切线方程与法线方程组成的一次方程组，较简单求切点坐标.

练习题 2.5

（1）有一块厚度为 15mm 的板状零件，廓形如图 2-23 所示，今在立式数控铣床上对其加工，试建立工件坐标系，求出廓形中各基点的坐标.

（2）铣削如图 2-24 所示的薄板零件的轮廓，试判定其基点，建立适当的坐标系，求出其基点坐标.

（3）某零件如图 2-25 所示，数控车削时需要知道它的基点及圆心的坐标，试求之.

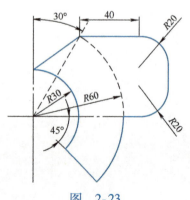

图 2-23

（4）图 2-26 所示是一零件的局部示意图，半径 $R15$ 圆弧的圆心为 M，分别与直线相切在切点 B、C，试在图示坐标系下，求①直线 AB、直线 CD 的方程；②弧 $\overset{\frown}{BC}$ 所在圆的方程；③切点 B、C 的坐标.

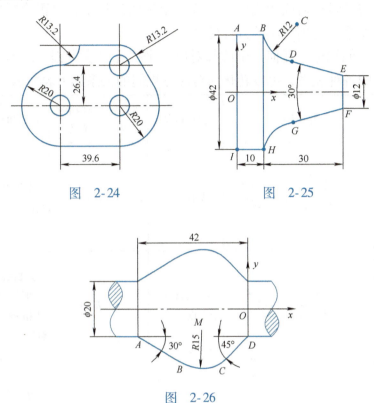

图　2-24　　　　　　　　图　2-25

图　2-26

（5）一个凸凹模零件的尺寸如图 2-27 所示，在数控铣床上加工它的外轮廓，试在图示的坐标系下完成：①写出 $\odot O_1$ 与 $\odot O_3$ 的方程；②求出直线 AB、CD 的方程；③求出 O_4 点的坐标，写出 $\odot O_4$ 的圆方程；④求出 A、B、C、D、E、F、G 和 H 各点的坐标.

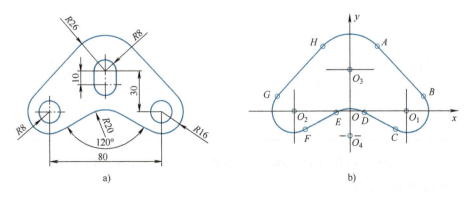

图　2-27

2.6　圆与圆形成的基点与对应圆方程的关系

　　圆弧与圆弧的相连是机械轮廓线中最普遍的曲线连接，在求圆弧与圆弧相切或相交构成的基点坐标的过程中，要正确判断其相互关系，运用对应的方程处理.

　　我们知道，任何一个圆都对应一个二元二次方程，两圆在平面上的各种关系，可以转化为对应方程间的关系如下表所示.

位置关系	图形表示	交点情况	圆心距 d 与两半径 R、r 的关系	方程间的关系
外离		没有交点	$d > R + r$	方程组没有实数解
外切		有且只有一个交点	$d = R + r$	方程组仅有一组解（即两组相同实数解）
相交		有两个交点	$\lvert R - r \rvert < d < R + r$	方程组有两组不同的实数解
内切		有且只有一个交点	$d = \lvert R - r \rvert$	方程组仅有一组解
内含		没有交点	$d < \lvert R - r \rvert$	方程组没有实数解

　　特别地，两圆相切⇔对应的方程组仅有一组解；切点坐标⇔对应方程组的解.

　　【例】　如图 2-28 所示，$\odot O_1$ 与 $\odot O_2$ 是互相外切的某零件上的两圆孔，试根据图示求其切点的坐标.

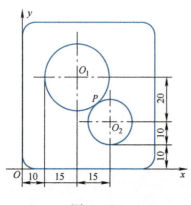

图　2-28

解：建立如图所示的坐标系，可知 $O_1(25, 40)$，$O_2(40, 20)$，它们的半径分别是 15 和 10，于是，$\odot O_1$ 的方程是 $(x-25)^2 + (y-40)^2 = 15^2$，$\odot O_2$ 的方程是 $(x-40)^2 + (y-20)^2 = 10^2$.

将两圆的方程联立为方程组，并解之

$$
\begin{cases}
(x-25)^2 + (y-40)^2 = 15^2, & (1) \\
(x-40)^2 + (y-20)^2 = 10^2 & (2)
\end{cases}
$$

式（1）展开整理得　$x^2 + y^2 = 50x + 80y - 2000$　　　(3)

式（2）展开整理得　$x^2 + y^2 = 80x + 40y - 1900$　　　(4)

由式（3）和式（4）得

$$y = \frac{3}{4}x + \frac{5}{2} \tag{5}$$

由式（5）与式（3）组成方程组，解之得 $x=34$，$y=28$.

所以 $\odot O_1$ 与 $\odot O_2$ 外切的切点 P 的坐标是（34，28）.

问题探究：当两圆相切时，切点可以看作是两圆心连接线段的定比分点，定比由相切时的半径关系决定.

在上题中，切点 P 分线段 O_1O_2 的比 $\lambda = \dfrac{O_1P}{PO_2} = \dfrac{15}{10} = 1.5$，$x = \dfrac{25 + 1.5 \times 40}{1 + 1.5} = 34$，$y = \dfrac{40 + 1.5 \times 20}{1 + 1.5} = 28$，则切点 P 的坐标是（34，28）.

当两圆相切时，切点也可以看作是两圆心所在直线与圆的交点，求该直线的方程与圆的方程组成的方程组的解，方程组的解是切点坐标.

至此，求解两圆相切切点坐标的方法有三种：解两圆方程组法；解连心线的直线方程与圆方程的方程组法；切点分连心线段的定比分点公式法. 在具体解题中，应灵活选择.

练习题 2.6

（1）求圆心在原点与圆 $x^2 + y^2 - 8x - 9 = 0$ 内切的圆的方程.

（2）求证圆 $(x+2)^2 + (y+2)^2 = 5$ 与圆 $(x-2)^2 + (y-6)^2 = 80$ 外切，并求切点的坐标.

2.7　圆与圆构成基点的求法举例

知晓了圆与圆构成基点与对应圆方程的关系，就可灵活地求它们的基点坐标了.

【例】　图 2-29a 所示为一数控车削的零件图，试完成：①分析轮廓线的组成，判定基点；②求出基点及参考点的坐标.

解：因为零件呈对称性形状，所以其轮廓图可只绘一半，如图 2-29b 所示. 根据图示，轮廓线由线段 OA、AB、BC、弧 $\overset{\frown}{CD}$ 与弧 $\overset{\frown}{DE}$ 组成；其基点是 A、B、C、D，其中 C 点是线段 BC 与弧 $\overset{\frown}{CD}$ 的切点，D 点是弧 $\overset{\frown}{CD}$ 与弧 $\overset{\frown}{DE}$ 的外切点，对应的参考点圆心是 O_2、O_1.

A 点坐标是 $(0,17)$.

$FO_1 = FB \times \cot 30° = 17\sqrt{3} \approx 29.446$，$OF = OO_1 - FO_1 = 35 - 29.446 = 5.554$

B 点坐标是 $(5.554,17)$.

圆心 O_2 是与直线 BC 平行且距离为 12 的直线 PQ 和以 O_1 为圆心、$10 + 12$ 长为半径的圆弧 $\overset{\frown}{MN}$ 的交点.

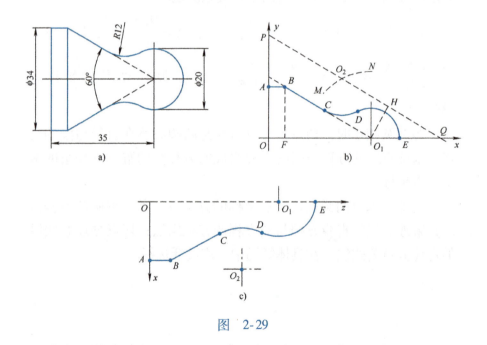

图　2-29

因为直线 BC 过点 O_1，倾斜角为 $180° - 30° = 150°$，$k = \tan 150° = -\dfrac{\sqrt{3}}{3}$，所以直线 BC 的方程是 $y - 0 = -\dfrac{\sqrt{3}}{3}(x - 35)$，即 $y = -\dfrac{\sqrt{3}}{3}x + \dfrac{35\sqrt{3}}{3}$.

在直角 $\triangle O_1HQ$ 中，$O_1Q = \dfrac{O_1H}{\sin 30°} = 24$，所以 Q 点坐标是

$(59，0)$，直线 PQ 的方程是 $y-0=-\dfrac{\sqrt{3}}{3}(x-59)$，即 $y=-\dfrac{\sqrt{3}}{3}x+\dfrac{59\sqrt{3}}{3}$.

圆弧 $\overset{\frown}{MN}$ 所在圆的方程是 $(x-35)^2+y^2=22^2$，解方程组

$$\begin{cases} y=-\dfrac{\sqrt{3}}{3}x+59\dfrac{\sqrt{3}}{3}，\\ (x-35)^2+y^2=22^2 \end{cases} 得 \begin{cases} x_1\approx25.032，\\ y_1\approx19.610 \end{cases} \begin{cases} x_2\approx56.967\\ y_2\approx3.522 \end{cases}（舍去），$$

即圆心 O_2 点的坐标是 $(25.032，19.610)$.

以点 O_2 $(25.032，19.610)$ 为圆心、12 长为半径的圆弧 $\overset{\frown}{CD}$ 在切点 C 处的切线 BC 方程是直线 $y=-\dfrac{\sqrt{3}}{3}x+\dfrac{35\sqrt{3}}{3}$，那么法线方程是 $y-19.610=\sqrt{3}(x-25.032)$.

解方程组 $\begin{cases} y=-\dfrac{\sqrt{3}}{3}x+\dfrac{35\sqrt{3}}{3}，\\ y=\sqrt{3}x-25.032\sqrt{3}+19.610 \end{cases}$ 得 $\begin{cases} x\approx19.032\\ y\approx9.218 \end{cases}$

即切点 C 的坐标是 $(19.032，9.218)$.

D 点是半径分别为 10、12 的圆 O_1 与圆 O_2 的外切点，是 O_1O_2 的内分点，定比 $\lambda=\dfrac{10}{12}=\dfrac{5}{6}\approx0.8333$，由定比分点公式得 O_2 $(25.032，19.610)$，则

$$x_D=\frac{35+0.8333\times25.032}{1+0.8333}\approx30.469，$$

$$y_D=\frac{0+0.8333\times19.610}{1+0.8333}\approx8.913，$$

即切点 D 的坐标是 $(30.469，8.913)$.

在数控加工时，若建立以左端面旋转中心点为坐标原点的工件坐标系，如图 2-29c 所示，基点、参考点的坐标如下表所示.

坐标		A	B	C	D	E	O_1	O_2
x	半径值	17	17	9.218	8.913	0	0	19.610
	直径值	34	34	18.436	17.826	0	0	39.220
z		0	5.554	19.032	30.469	45	35	25.032

参考编程程序：数控车床程序（FANUC 系统），加工顺序从 $E\rightarrow A$.

序号	程序	注解
	O0001；	程序号
	G0　G40　G97　G99　G21　F0.2；	程序初始化
	G0　X100　Z100；	快速移动到退刀、换刀点
	M3　S800　T0101　M8；	主轴正转，800r/min、1号车刀1号刀补、切削液开
	G42　X35　Z2；	快速定位到起刀点
	G73　U17　R10；	G73固定形状粗加工循环及参数设置
	G73　P1　Q2　U1　W0.1　F0.2；	
N1	G0　X-1　Z2；	辅助点
	G1　X-1　Z0；	圆心z轴方向延长线上点
	X0　Z0；	圆心点
	G3　U17.826　W-14.531　R10；	D点（相对E点坐标）
	G2　U0.61　W-11.437　R12；	C点（相对D点坐标）
	G1　U15.564　W-13.478；	B点（相对C点坐标）
	X34　Z-45；	A点
N2	X35　Z-45；	A点x轴方向延长线上点
	G70　P1　Q2　S1500　F0.1；	轮廓精加工复合循环指令及参数设置
	G0　G40　X100　Z100；	快速移动到退刀、换刀点
	M30；	程序结束

【例】　图 2-30a 所示的片状凸轮已经完成端面 A、B 以及 $\phi22H7$、$\phi4H7$ 两个孔的加工. 现要以已加工过的两个孔和一个端面定位，在数控铣床上铣削凸轮外表面曲线，需要建立适当的坐标系，求其基点坐标.

解：如图 2-30b 所示，该零件轮廓由圆弧 $\overarc{AB}$、圆弧 $\overarc{BC}$、线段 CD、圆弧 $\overarc{DE}$、圆弧 $\overarc{EF}$、圆弧 $\overarc{FG}$、线段 GH、圆弧 $\overarc{HA}$ 组成. 基点有 A、B、C、D、E、F、G、H，参考点有 O、O_1、O_2、O_3、O_4.

建立图示的坐标系，计算各点坐标如下：

A 点是圆弧 $\overarc{AB}$ 与圆弧 $\overarc{HA}$ 的内切点，坐标为 A（0，38）.

B 点是圆弧 $\overarc{AB}$ 与圆弧 $\overarc{BC}$ 的内切点，坐标 $x = -38\sin7.5° \approx -4.960$，$y = -38\cos7.5° \approx -37.675$，即 B 点坐标（-4.960，-37.675）.

C 点、D 点是圆弧 $\overarc{BC}$、圆弧 $\overarc{DE}$ 与内公切线 CD 的切点. 为

了方便，我们将它的示意图局部放大至如图 2-30c 所示. 我们设法求出圆 O_2 的方程、切点 C 处的法线方程，解两者组成的方程组，得解为 C 点的坐标.

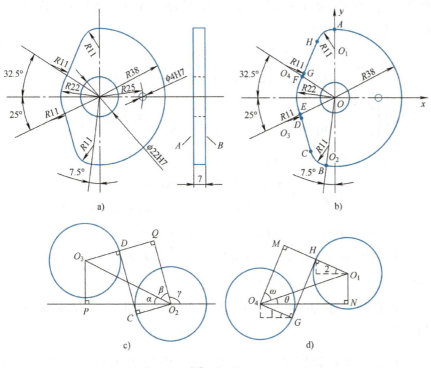

图　2-30

圆弧 $\overset{\frown}{BC}$ 所在圆的圆心 O_2 点的坐标 $x = -(38-11)\sin 7.5° \approx -3.524$，

$y = -(38-11)\cos 7.5° \approx -26.768$，

其所在圆的方程为 $(x+3.524)^2 + (y+26.768)^2 = 11^2$.

圆弧 $\overset{\frown}{DE}$ 所在圆的圆心 O_3 点的坐标

$x = -(22+11)\cos 25° \approx -29.908$，

$y = -(22+11)\sin 25° \approx -13.946$，

其所在圆的方程为 $(x+29.908)^2 + (y+13.946)^2 = 11^2$.

在直角 $\triangle O_2 P O_3$ 中，

$$\tan\alpha = \frac{PO_3}{PO_2} = \frac{|26.768-13.946|}{|29.908-3.524|} = \frac{12.822}{26.384} \approx 0.4860, \quad \alpha = 25°55';$$

在直角 $\triangle O_2 Q O_3$ 中，$O_2 O_3 = \sqrt{(26.768-13.946)^2 + (29.908-3.524)^2}$

$= \sqrt{12.822^2 + 26.384^2} \approx \sqrt{164.4037 + 696.1155} = 29.3346$，

$$\sin\beta = \frac{QO_3}{O_3 O_2} = \frac{11+11}{29.3346} \approx 0.750, \quad \beta = 48°35';$$

$CD /\!/ O_2Q$，则切线 CD 的斜率 $k = \tan\gamma = -\tan(\alpha+\beta) = -\tan74°30' = -3.6059$，$CO_2 \perp CD$，法线 CO_2 的斜率为 $-\dfrac{1}{k} = 0.2773$，方程为 $y + 26.768 = 0.2773(x + 3.524)$，即 $y = 0.2773x - 25.7908$.

解方程组 $\begin{cases} y = 0.2773x - 25.7908, \\ (x + 3.524)^2 + (y + 26.768)^2 = 11^2 \end{cases}$

得 $\begin{cases} x_1 = -14.124, \\ y_1 = -29.707 \end{cases}$ $\begin{cases} x_2 = 7.076 \\ y_2 = -23.829 \end{cases}$（不合题意，舍去），

则 C 点坐标为（-14.124，-29.707）.

同理，解方程组 $\begin{cases} y = 0.2773x - 5.5625, \\ (x + 29.908)^2 + (y + 13.946)^2 = 11^2 \end{cases}$

得 D 点坐标为（-19.308，-11.008）.

E 点的坐标为 $x = -22\cos25° \approx -19.939$，$y = -22\sin25° \approx -9.297$.

F 点的坐标为 $x = -22\cos32.5° \approx -18.555$，$y = 22\sin32.5° \approx 11.821$.

G 点、H 点是圆弧 $\overset{\frown}{FG}$、圆弧 $\overset{\frown}{HA}$ 与内公切线 GH 的切点. 观察它局部放大的示意图，如图 2-30d 所示，发现在求得 O_4 点坐标以及角 ω、θ 后，不必像上述求 C 点的坐标那样，烦琐地解方程组. 采用如下的方法也能求得 G 点、H 点的坐标.

圆弧 $\overset{\frown}{FG}$ 所在圆的圆心 O_4 点：

$x = -33\cos32.5° \approx -27.8319$，

$y = 33\sin32.5° \approx 17.7309$，

圆弧 $\overset{\frown}{HA}$ 所在圆的圆心 O_1 点的坐标是（0，27），

在直角 $\triangle O_1NO_4$ 中，

$\tan\theta = \dfrac{NO_1}{O_4N} = \dfrac{|27 - 17.7309|}{|0 + 27.8319|} \approx 0.3330$，$\theta = 18°25'$.

在直角 $\triangle O_1NO_4$ 中，$O_4O_1 = \sqrt{(0 + 27.8319)^2 + (27 - 17.7309)^2}$

$= \sqrt{774.6147 + 85.9162} \approx \sqrt{860.5309} \approx 29.3348$，

$\sin\omega = \dfrac{O_1N}{O_4O_1} = \dfrac{11 + 11}{29.3348} \approx 0.750$，$\beta = 48°35'$.

G 点坐标：

$x = x_{O_4} + 11\cos\angle 1 = x_{O_4} + 11\sin(\theta + \omega) = -27.8319 + 11\sin67° \approx -17.706$，

$y = y_{O_4} - 11\sin\angle 1 = y_{O_4} - 11\cos(\theta + \omega) = 17.7309 - 11\cos67° \approx$ 13.433,

则 G 点坐标为（-17.706，13.433）.

同理得 H 点坐标为（-10.126，31.297）.

问题思考：①比较计算切点 C、D 与计算切点 G、H 两种不同的求解方法. ②这种数形结合用三角函数计算内公切线切点的方法可称为三角法，能将此三角法用到类似的计算外公切线切点上吗？试一下. ③能找到用这种三角法求这类基点的一般化计算公式吗？

参考编程程序为：数控铣床程序（FANUC 系统）、选择坐标原点 O 为编程原点，加工顺序为顺时针方向 $A \to H \to A$.

序号	程序	注解
	O0001；	程序号
N10	G90 G94 G21 G40 G54 F100；	程序初始化
N20	G91 G28 Z0；	z 轴方向回参考点
N30	M3 S800；	主轴正转，800r/min
N40	G90 G00 X−45 Y45；	快速定位到起刀点
N50	Z20 M08；	切屑液开
N60	G01 Z−7.5 F100；	背吃刀量为 7.5mm
N70	G41 G01 X−35 Y38 D01；	A 点 −x 轴方向延长线上建立刀补
N80	X0 Y38；	A 点
N90	G2 X−4.960 Y−37.675 R38；	B 点
N100	G2 X−14.124 Y−29.707 R11；	C 点
N110	G1 X−19.308 Y−11.008；	D 点
N120	G3 X−19.939 Y−9.297 R11；	E 点
N130	G2 X−18.555 Y11.821 R22；	F 点
N140	G3 X−17.706 Y13.433 R11；	G 点
N150	G1 X−10.126 Y31.297；	H 点
N160	G2 X0 Y38 R11；	A 点
N170	G1 X10 Y38；	A 点 x 轴方向延长线上点
N180	G40 G01 X45 Y45 M09；	取消刀补、切削液关
N190	G91 G28 Z0；	返回 z 轴方向参考点
N200	M30；	程序结束

练习题 2.7

（1）图 2-31 所示是一圆球形手柄零件图，试求出数控加工时的基点坐标.

（2）某工件的轮廓尺寸如图2-32所示，试建立适当的坐标系，写出各圆弧所在圆的方程，并求出其轮廓的基点坐标.

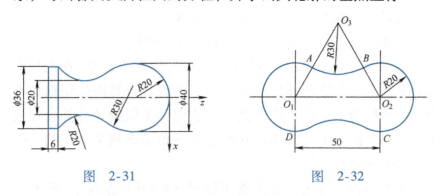

图　2-31　　　　　　　　图　2-32

（3）图2-33所示是一手柄零件图. 试建立适当的坐标系，用直径方式求出在数控车上车削时的基点坐标.

（4）在数控铣床上铣削如图2-34所示的平面零件外轮廓. 试用解析法求其基点坐标.

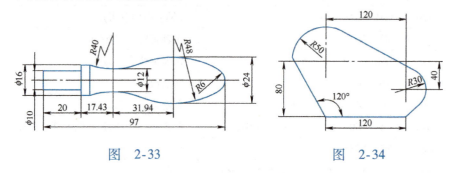

图　2-33　　　　　　　　图　2-34

【实践作业】

课题名称： 球体与锥体连接类零件的加工.

准备： 球体与锥体连接类零件加工图样一份，如图2-35a所示，实习指导老师两人，数控车床两台，其加工材料与工具两套.

知识应用： 主要是基点的确定，直线方程、圆方程及其切点坐标等的求解.

操作步骤：

（1）作零件轮廓图，并判定不同轮廓曲线间的关系.

图2-35b所示为其轮廓图，弧$\overset{\frown}{OA}$与弧$\overset{\frown}{AB}$为外切、A为切点；弧$\overset{\frown}{AB}$与线段BC相切、B为切点；线段BC与线段CD相交. 所以基点是A、B、C、D，其O_1、O_2分别是圆弧所对应圆的圆心.

（2）计算基点坐标.

建立图示的坐标系，圆O_1的方程是$(x+20)^2+y^2=20^2$，

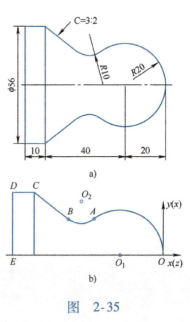

图　2-35

O_1、D 与 C 点的坐标分别是（-20，0）、（-70，28）与（-60，28）.

因为锥度 $C = 3:2$，所以直线 CB 斜率 $k = -\dfrac{1}{2}C = -\dfrac{3}{4}$，直线 CB 的方程是 $y - 28 = -\dfrac{3}{4}(x + 60)$，即 $3x + 4y + 68 = 0$.

设 O_2 的坐标是（a，b），则圆 O_1 的方程是 $(x - a)^2 + (y - b)^2 = 10^2$，它与直线相切、和圆 O_2 外切，则有

$$\begin{cases} \dfrac{|3a + 4b + 68|}{\sqrt{3^2 + 4^2}} = 10, \\ \sqrt{(a + 20)^2 + b^2} = 30 \end{cases}$$ 解之得 $a = -38$，$b = 24$.

所以，圆 O_2 的方程是 $(x + 38)^2 + (y - 24)^2 = 10^2$.

由直线 CB 与圆 O_1 的方程，求其相切的切点坐标是 B（-44，16）；由圆 O_1 与圆 O_2 的方程，求其外切的切点方程是 A（-32，16）.

故基点坐标是 A（-32，16）、B（-44，16）、C（-60，28）、D（-70，28）、参考点 O_1（-20，0）、O_2（-38，24）.

在数控编程坐标系下，基点及参考点的坐标如下.

	坐标	A	B	C	D	O_1	O_2
	z	-32	-44	-60	-70	-20	-38
x	半径方式编程	16	16	28	28	0	24
	直径方式编程	32	32	56	56	0	48

（3）模仿参考程序，编写程序.

参考程序为：数控车床程序（FANUC 系统），加工顺序从 $O \to D$.

序号	程序	注解
	O0001；	程序号
	G0　G40　G97　G99　G21　F0.2；	程序初始化
	G0　X100　Z100；	快速移动到退刀、换刀点
	M3　S800　T0101　M8；	主轴正转，800r/min、1 号车刀 1 号刀补、切削液开
	G42　X62　Z2；	快速定位到起刀点
	G73　U30　R20；	G73 固定形状粗加工循环及参数设置
	G73　P1　Q2　U1　W0.1　F0.2；	
N1	G0　X-1　Z2；	辅助点
	G1　X-1　Z0；	圆心 z 轴方向延长线上点

（续）

序号	程序	注解
	X0　Z0；	O 点
	G3　X32　Z－32　R20；	A 点
	G2　X32　Z－44　R10；	B 点
	G1　X56　Z－60；	C 点
	X56　Z－70；	D 点
N2	X60　Z－70；	D 点 x 轴方向延长线上点
	G70　P1　Q2　S1500　F0.1；	轮廓精加工复合循环指令及参数设置
	G0　G40　X100　Z100；	快速移动到退刀、换刀点
	M30；	程序结束

（4）在实习老师的指导下，输入程序、装夹加工零件.

第3章 三角函数

如图3-1所示，在齿轮箱上有 A、B、C、D 四个孔，现用数控设备加工，就要计算出各点的坐标.

建立图示的直角坐标系，则易得 A、B、D 的坐标是：$A(0, 0)$、$B(140, 72)$、$D(0, 110)$.

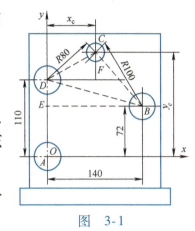

图 3-1

在直角 $\triangle BDE$ 中，利用解直角三角形的知识，能求出 BD、$\angle DBE$ 等值；在 $\triangle BDC$ 中，已知其三边，是确定的三角形，应该是可求解的三角形；若能求出 $\angle CDB$，则可知 $\angle CDF = \angle CDB - \angle FDB = \angle CDB - \angle DBE$；在直角 $\triangle CDF$ 中能求出 DF、CF，从而求得 C 点坐标 (x_c, y_c).

求 C 点坐标 (x_c, y_c) 的核心问题是解非直角 $\triangle BDC$，也就是要寻找斜三角形的边角关系.

3.1 余弦定理与正弦定理

在任意三角形中，它的边与角都有下列关系.

一、余弦定理及其解斜三角形的类型

余弦定理：在任意三角形中，任何一边的平方等于其他两边的平方和减去这两边与它们夹角余弦积的二倍.

$$a^2 = b^2 + c^2 - 2bc\cos A$$
$$b^2 = c^2 + a^2 - 2ca\cos B$$
$$c^2 = a^2 + b^2 - 2ab\cos C$$

可知勾股定理是余弦定理的特例，余弦定理是勾股定理的推广. 余弦定理可变形为

$$\cos A = \frac{b^2 + c^2 - a^2}{2bc}$$
$$\cos B = \frac{c^2 + a^2 - b^2}{2ca}$$
$$\cos C = \frac{a^2 + b^2 - c^2}{2ab}$$

观察、分析余弦定理的表述形式，在每个等式中，有 a、b、c 三边与一个角四个元素；用方程的观点看待易知，已知其中三

个元素，就能求出余下的第四个元素．因此，利用余弦定理，可以解决以下三类三角形问题：

（1）已知三边，求三个角．

（2）已知两边和它们的夹角，求第三边和其他两个角．

（3）已知两边和其中一边的对角，求第三边和其他两个角．

在已知两边一对角的条件下，利用余弦定理求第三边的过程中，出现了关于第三边为未知数的一元二次方程，方程根的情况决定了第三边解的情况．如：方程没有实数根，即第三边不存在，就是说三角形无解；方程有一个正根、一个负根，即有一第三边，就是说三角形有一解；方程有二个不等的正根，即第三边有两种情形，就是说三角形有两解．

现在我们可以顺利解决本章开头提出的问题：在数控加工中求点 C 的坐标．

如图 3-1 所示，在齿轮箱上有 A、B、C、D 四个孔，现要用数控设备加工，计算出各点的坐标

建立图示的坐标系，则易得 A、B、D 的坐标是：$A(0，0)$、$B(140，72)$、$D(0，110)$．

在直角 $\triangle BED$ 中，有

$$BD^2 = BE^2 + ED^2 = 140^2 + 38^2 = 21044，$$

$$BD \approx 145.0655，$$

$$\tan \angle DBE = \frac{DE}{EB} = \frac{38}{140} \approx 0.2714，$$

所以 $\angle DBE = 15°11'$，

在 $\triangle BDC$ 中，由余弦定理得

$$\cos \angle CDB = \frac{CD^2 + BD^2 - BC^2}{2CD \times BD} = \frac{80^2 + 21044 - 100^2}{2 \times 80 \times 145.0655} \approx 0.7516，$$

所以 $\angle CDB = 41°16'$，

在直角 $\triangle CFD$ 中，有

$\angle CDF = \angle CDB - \angle FDB = \angle CDB - \angle DBE = 41°16' - 15°11' = 26°5'$，

$DF = CD\cos \angle CDF = 80\cos 26°5' = 71.848$，$FC = 80\sin 26°5' = 35.176$，

于是 $x_c = 71.848$，$y_c = 145.176$，即 C 点坐标为（71.848，145.176）．

二、正弦定理及其解斜三角形的类型

从上可知，余弦定理还不能直接解"已知两角一边的斜三角形"的问题，用余弦定理解"已知两边一对角的斜三角形"问题时，偶尔会有"不爽快"的感觉，能找到类似余弦定理的

其他边角关系来求解吗?

正弦定理:在任意三角形中,任意一边与它对角的正弦比都相等,且等于这个三角形外接圆的直径.

$$\frac{a}{\sin A} = \frac{b}{\sin B} = \frac{c}{\sin C} = 2R.$$

利用正弦定理,可以解决以下两类三角形问题:

(1) 已知一条边和两个角,求另两条边和第三个角.

(2) 已知两条边和其中一边的对角,求另两个角和第三条边.

【例】 在数控机床上加工如图 3-2 所示的三个零件孔 A、B、C,试根据所示尺寸,计算孔心 A、B、C 的坐标值(精确到 0.1mm).

解:建立图示的坐标系,在 $\triangle ABC$ 中,$\angle ACB = 180° - 105° - 30° = 45°$,由正弦定理得

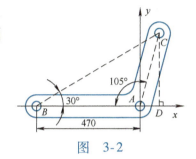

图 3-2

$$\frac{AC}{\sin \angle ABC} = \frac{AB}{\sin \angle ACB}, \quad 即 \frac{AC}{\sin 30°} = \frac{470}{\sin 45°},$$

$$AC = \frac{470 \times 0.5}{0.707} \approx 332.4 \ (\text{mm}).$$

作 $CD \perp AB$ 于 D,则

$DC = AC\sin \angle CAD = 332.4 \times \sin 75° = 332.4 \times 0.9659 \approx 321.1$ (mm),

$AD = AC\cos \angle CAD = 332.4 \times \cos 75° = 332.4 \times 0.2588 \approx 86.0$ (mm).

所以其三孔心的坐标值分别是 $A(0, 0)$、$B(-470, 0)$、$C(86.0, 321.1)$.

三、两角和与差的正弦、余弦、正切

在解斜三角形的过程中,常常会遇到非特殊角的三角函数,因此,我们有必要掌握下列三角函数公式.

两角和与差的正弦公式:$\sin(\alpha + \beta) = \sin\alpha\cos\beta + \cos\alpha\sin\beta$

$$\sin(\alpha - \beta) = \sin\alpha\cos\beta - \cos\alpha\sin\beta$$

两角和与差的余弦公式:$\cos(\alpha - \beta) = \cos\alpha\cos\beta + \sin\alpha\sin\beta$

$$\cos(\alpha + \beta) = \cos\alpha\cos\beta - \sin\alpha\sin\beta$$

两角和与差的正切公式 $\tan(\alpha \pm \beta) = \dfrac{\tan\alpha \pm \tan\beta}{1 \mp \tan\alpha\tan\beta}$ ($\alpha \neq \dfrac{\pi}{2} + k\pi$,$\beta \neq \dfrac{\pi}{2} + k\pi$,$\alpha + \beta \neq \dfrac{\pi}{2} + k\pi$,$k \in Z$).

在两角和的正弦、余弦与正切公式中,令 $\alpha = \beta$,就有二倍

角公式

$$\cos 2\alpha = 2\cos^2 \alpha - 1 = 1 - 2\sin^2 \alpha,$$

$$\sin 2\alpha = 2\sin\alpha\cos\alpha,$$

$$\tan 2\alpha = \frac{2\tan\alpha}{1 - \tan^2 \alpha} \ (\alpha \neq \frac{\pi}{2} + k\pi, \ \alpha \neq \frac{\pi}{4} + k\pi, \ k \in \mathbf{Z}).$$

对二倍角公式作变形有半角公式

$$\cos \frac{\alpha}{2} = \pm \sqrt{\frac{\cos\alpha + 1}{2}}, \ \sin \frac{\alpha}{2} = \pm \sqrt{\frac{1 - \cos\alpha}{2}}$$

问题探究：在生产实践的有关问题解决中，常需要将 $a\sin\omega x \pm b\cos\omega x$（$a > 0$，$b > 0$）一类三角函数式变形：

$$a\sin\omega x \pm b\cos\omega x = \sqrt{a^2 + b^2} \left(\sin\omega x \frac{a}{\sqrt{a^2 + b^2}} \pm \cos\omega x \frac{b}{\sqrt{a^2 + b^2}} \right).$$

因为 $\left(\frac{a}{\sqrt{a^2 + b^2}} \right)^2 + \left(\frac{b}{\sqrt{a^2 + b^2}} \right)^2 = 1$，

所以可令 $A = \sqrt{a^2 + b^2}$，$\frac{a}{\sqrt{a^2 + b^2}} = \cos\varphi$，$\frac{b}{\sqrt{a^2 + b^2}} = \sin\varphi$.

于是，$a\sin\omega x \pm b\cos\omega x = A(\sin\omega x\cos\varphi \pm \cos\omega x\sin\varphi) = A\sin$

$(\omega x \pm \varphi)$. 其中，φ 辅助角一般取锐角，大小由 $\tan\varphi = \frac{b}{a}$ 确定，a、b、A、φ 之间的关系可以用如图 3-3 所示的直角三角形表示。

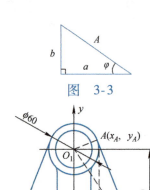

图　3-3

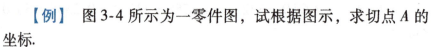

图　3-4

【例】 图 3-4 所示为一零件图，试根据图示，求切点 A 的坐标.

解：连接 BO_1，过 A 作 $AH \perp OB$ 于 H，设 $\angle OBO_1 = \alpha$，$\angle O_1 BA = \beta$，则

$$BO_1 = \sqrt{OO_1^2 + BO^2} = \sqrt{120^2 + 80^2} = \sqrt{20800},$$

$$AB = \sqrt{BO_1^2 - AO_1^2} = \sqrt{20800 - 30^2} = \sqrt{19900},$$

$$\sin(\alpha + \beta) = \sin\alpha\cos\beta + \cos\alpha\sin\beta$$

$$= \frac{120}{\sqrt{20800}} \times \frac{\sqrt{19900}}{\sqrt{20800}} + \frac{80}{\sqrt{20800}} \times \frac{30}{\sqrt{20800}}$$

$$= \frac{3\sqrt{199} + 6}{52},$$

同理

$$\cos(\alpha + \beta) = \cos\alpha\cos\beta - \sin\alpha\sin\beta = \frac{2\sqrt{199} - 9}{52}$$

$$y_A = HA = AB\sin(\alpha + \beta) = 10\sqrt{199} \times \frac{3\sqrt{199} + 6}{52} \approx 131.09,$$

$$x_A = OB - HB = OB - AB\cos(\alpha + \beta) = 80 - 10\sqrt{199} \times \frac{2\sqrt{199} - 9}{52} \approx$$

27.88.

即所求的 A 点坐标为（27.88，131.09）.

问题思考：①本题求解中为什么没有去求出 $\alpha + \beta$ 的具体角度值呢？只求 $\sin(\alpha + \beta)$、$\cos(\alpha + \beta)$ 整体值的做法有什么好处呢？②本题还有其他解法，你能试一下吗？

四、余弦定理与正弦定理的运用

在斜三角形的具体求解过程中，要根据已知条件，分析所求，合理地选择求解方法，尽可能地使解答相对简单，减少误差积累. 我们可以把常见的解斜三角形问题归纳为下表：

条件	图例	类型	求解步骤
三条边		三边 a,b,c	对两个不同的内角用余弦定理，得到它们的余弦值→求出两个内角→用内角和定理得第三角
一条边和两个角		两角夹一边 A,c,B	$C = \pi - (A+B) \to C$ $\dfrac{a}{\sin A} = \dfrac{c}{\sin C} \to a$ $\dfrac{b}{\sin B} = \dfrac{c}{\sin C} \to b$
		两角一对边 A,B,a	$C = \pi - (A+B) \to C$ $\dfrac{a}{\sin A} = \dfrac{b}{\sin B} \to b$ $\dfrac{a}{\sin A} = \dfrac{c}{\sin C} \to c$
两条边和一个角		两边夹一角 b,c,A	$a^2 = b^2 + c^2 - 2bc\cos A \to a$ $\dfrac{a}{\sin A} = \dfrac{b}{\sin B} \to b$ （或 $\dfrac{a}{\sin A} = \dfrac{c}{\sin C} \to c$） $C = \pi - (A+B) \to c$
		两边一对角 a,b,A	$\dfrac{a}{\sin A} = \dfrac{b}{\sin B} \to B$ $C = \pi - (A+B) \to C$ $c^2 = a^2 + b^2 - 2ab\cos C \to c$ （或 $\dfrac{a}{\sin A} = \dfrac{c}{\sin C} \to c$） （注意解的情况）

练习题 3.1

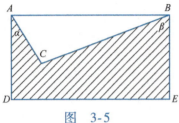

图 3-5

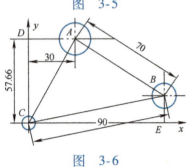

图 3-6

（1）求下列三角形中指定的边或角：

1）在 $\triangle ABC$ 中，已知 $a=35$，$b=24$，$C=60°$，求 c 边；

2）在 $\triangle ABC$ 中，已知 $a=\sqrt{2}$，$b=2$，$c=\sqrt{3}+1$，求最小角；

3）在 $\triangle ABC$ 中，已知 $a=12$，$b=12\sqrt{3}$，$A=30°$，求角 B；

4）在 $\triangle ABC$ 中，已知 $a=2$，$A=30°$，$B=45°$，求 b 边.

（2）刨工要加工一如图 3-5 所示的三角形凹槽 ACB，已知 $AB \perp AD$，$AB \perp BE$，量得 $AB=80\text{mm}$，$BC=70\text{mm}$，$AC=30\text{mm}$. 问要选择多大的角 α 和 β，才能刨出所需的三角凹槽.

（3）如图 3-6 所示，在一箱体镗孔 A、B 和 C，先镗 C 孔，然后按坐标分别镗 A 孔与 B 孔，试求 A、B 两孔的坐标.

3.2 用解三角形的方法求基点举例

在数控加工中，关于零件轮廓基点的计算，能用解三角形的方法处理.

【例】 已知一零件如图 3-7 所示，在数控车床上车削时，需计算 A、B、C 三点的坐标.

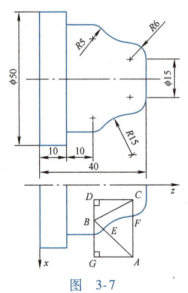

图 3-7

解：在直角 $\triangle BCD$ 中，

$$DC = 20 - 6 = 14, \quad BD = \frac{1}{2}(40-15) - 5 = 7.5,$$

$$BC = \sqrt{DC^2 + BD^2} = \sqrt{14^2 + 7.5^2} = 15.882,$$

$$\tan \angle DBC = \frac{DC}{DB} = \frac{14}{7.5} = 1.8667, \quad \angle DBC = 61°49';$$

在 $\triangle ABC$ 中，

$$AB = AE + EB = 15 + 5 = 20, \quad AC = AF + FC = 15 + 6 = 21,$$

$$BC = 15.882,$$

由余弦定理得

$$\cos \angle ABC = \frac{AB^2 + BC^2 - AC^2}{2 \times AB \times BC}$$

$$= \frac{20^2 + 15.882^2 - 21^2}{2 \times 20 \times 15.882} = 0.3325,$$

$$\angle ABC = 70°35'.$$

在直角 $\triangle AGB$ 中，

$\angle ABG = 180° - 61°49' - 70°35' = 47°36'$,

$AG = AB\sin\angle ABG = 20 \times \sin47°36' = 14.769$,

$BG = AB\cos\angle ABG = 20 \times \cos47°36' = 13.486$.

所以，A、B、C 三点的坐标分别是（28.486，34.769）、（15，20）、（7.5，34）.

问题思考：对于上例，在实际的轮廓基点坐标计算中，还要计算哪几个点的坐标？其中 E、F 两切点的坐标如何求？

【例】 已知某零件编程用轮廓数据如图 3-8a 所示，试用解三角形法求各基点的增量坐标值.

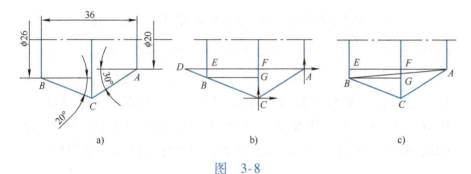

图 3-8

解：过 A 作水平线 AD 交 CB 延长线于 D，作 $BE\perp AD$ 于 E，$CF\perp AD$ 于 F，作 $BG\parallel AD$ 交 CF 于 G，如图 3-8b 所示，则

在直角 $\triangle BED$ 中，

$BE = \dfrac{26-20}{2} = 3$，$\angle D = 20°$，$DE = \dfrac{BE}{\tan\angle D} = \dfrac{3}{\tan20°} = \dfrac{3}{0.3640} \approx$

8.242；

在 $\triangle ACD$ 中，

由正弦定理 $\dfrac{AD}{\sin\angle ACD} = \dfrac{AC}{\sin\angle D}$，即 $\dfrac{44.242}{\sin(180° - 50°)} = \dfrac{AC}{\sin20°}$，

$AC = 19.753$；

在直角 $\triangle AFC$ 中，

$CF = AC\sin\angle A = 19.753 \times \sin30° = 9.877$；

$AF = AC\cos\angle A = 19.753 \times \cos30° = 17.107$；

$EF = AE - AF = 36 - 17.107 = 18.893$，$CG = CF - BE = 9.877 - 3 = 6.877$；

所以，基点 C 相对于 A 点的坐标为（-17.107，-9.877）基点 B 相对于 C 点的坐标为（-18.893，6.877）.

上例还可在图 3-8c 所示的情形下求解. 在直角 $\triangle AEB$ 中，由 AE 和 BE，求得 AB、$\angle EAB$；在 $\triangle ABC$ 中，由 $\angle ABC$、$\angle BAC$ 和 AB，利用正弦定理求得 BC；在直角 $\triangle BGC$ 中，由 $\angle GBC$、

BC，求得 BG、CG；从而由 FG、CG，求得 FC；由 AE、EF，求得 FA.

利用解三角形的方法求解基点坐标的过程中，既要注意到坐标是相对于坐标轴纵、横向的距离，恰当地创建直角三角形；也要注意到基点的构成条件，合理地构建融合基点的可求解的三角形；同时要善于发现构建的三角形间的相似关系等，灵活运用平面几何知识.

【例】　一零件的局部如图 3-9 所示，试分析它的基点，并用解三角形的方法计算.

分析：如图 3-9 所示，该零件轮廓是线段 AB、BC、圆弧 $\overset{\frown}{CE}$（其所在圆的圆心是 D、圆半径是 7）、圆弧 $\overset{\frown}{EG}$（其所在圆的圆心是 F、半径是 4）、线段 GH；点 C、点 G 是线段与圆弧的外点，点 E 是圆弧与圆弧的外切点，所以它的基点及参考点是 A、B、C、E、G、H、D 及 F。易知 $A(24,0)$、$B(24,10)$、$H(22,40)$、$D(24,25)$，为求其余点的坐标作图示的辅助线.

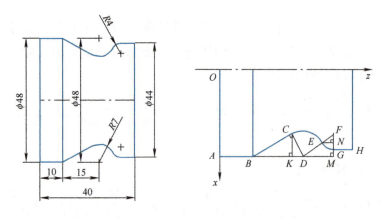

图　3-9

易知直角 $\triangle BCD \backsim$ 直角 $\triangle CKD$，得 $\dfrac{BD}{CD} = \dfrac{CD}{KD}$，即 $\dfrac{15}{7} = \dfrac{7}{KD}$，$KD = 3.267$，在直角 $\triangle CKD$ 中，$CK = \sqrt{CD^2 - KD^2} = \sqrt{7^2 - 3.267^2} = 6.191$.

于是，$x_C = 24 - CK = 24 - 6.191 = 17.809$，$z_C = AD - KD = 25 - 3.267 = 21.733$.

在直角 $\triangle FDM$ 中，$FM = MG + FG = \dfrac{48 - 44}{2} + 4 = 6$，$FD = FE + ED = 4 + 7 = 11$，$DM = \sqrt{FD^2 - FM^2} = \sqrt{11^2 - 6^2} = 9.220$.

于是，$x_F = 24 - FM = 18$，$z_F = AD + DM = 25 + 9.220 = 34.220$.

又直角 $\triangle FDM \backsim$ 直角 $\triangle FEN$，得 $\dfrac{FD}{FE} = \dfrac{FM}{FN} = \dfrac{DM}{EN}$，即 $\dfrac{11}{4} = \dfrac{6}{FN} =$

$\dfrac{9.220}{EN}$，$FN = 2.182$，$EN = 3.353$.

于是，$x_E = 18 + FN = 20.182$，$z_E = AM - EN = 34.220 - 3.353 =$ 30.867.

参考编程为：数控车床程序（FANUC 系统），采用直径编程，加工顺序从 $H \to A$. 注意，参考编程坐标轴与图 3-9 坐标轴不一致.

序号	程序	注解
	O0001；	程序号
	G0 G40 G97 G99 G21 F0.2；	程序初始化
	G0 X100 Z100；	快速移动到退刀、换刀点
	M3 S800 T0101 M8；	主轴正转，800r/min、1 号车刀 1 号刀补、切削液开
	X50 Z2；	快速定位到起刀点
	G73 U17 R10；	G73 固定形状粗加工循环及参数设置
	G73 P1 Q2 U1 W0.1 F0.2；	
N1	G0 G42 X42；	辅助点，刀具半径右补偿
	G1 X42 Z0；	H 点
	Z－5.78；	G 点
	G3 X40.18 Z－9.133 R4；	E 点
	G2 X30.81 Z－18.267 R7；	C 点
	G1 X44 Z－30；	B 点
	Z－30；	A 点
N2	X50；	A 点 x 轴方向延长线上点
	G70 P1 Q2 S1500 F0.1；	轮廓精加工复合循环指令及参数设置
	G0 G40 X100 Z100；	快速移动到退刀、换刀点
	M30；	程序结束并返回

练习题 3.2

（1）如图 3-10 所示零件图，试分析它的基点，并用解三角形的方法计算其坐标.

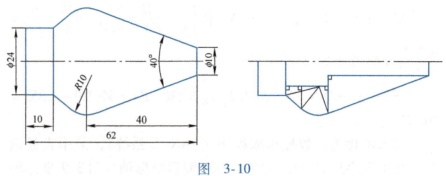

图 3-10

（2）图 3-11 所示是数控车床上加工的一零件图，试分析它的基点，并用解三角形的方法计算其坐标.

（3）一零件的局部如图 3-12 所示，试分析它的基点，并用解三角形的方法计算其坐标.

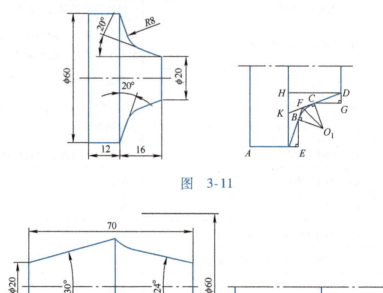

图 3-11

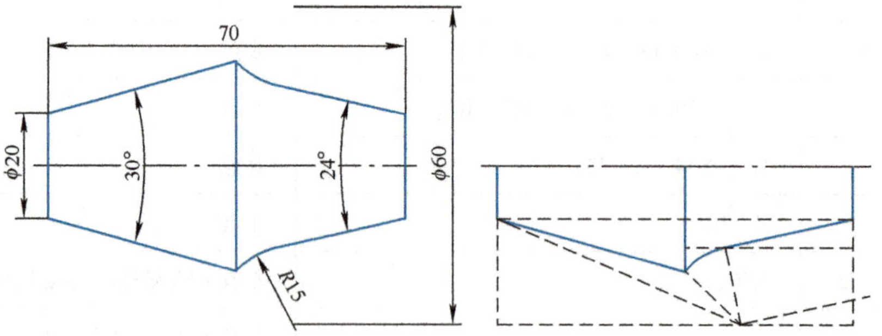

图 3-12

第4章 圆锥曲线

在零件的轮廓曲线中，圆锥曲线也是常见的曲线．当前先进的数控加工设备具备圆锥曲线的编程命令功能，可以生成符合圆锥曲线轨迹的走刀指令；普通数控设备可以用拟合的方法处理圆锥曲线．由此可见，无论何种加工设备都要运用圆锥曲线的知识．为此，我们来认识圆锥曲线．

圆锥曲线有椭圆、双曲线、抛物线等．

4.1 椭 圆

椭圆是一种常见的图形．例如，一个圆形板在阳光下的影子，阳光垂直照射圆形板时，圆板的影子是圆，但一般情况下阳光斜着照射圆板，即有一个倾斜角时，圆板的影子都呈椭圆形；圆柱体的斜正截面是椭圆；油罐车的贮油体通常做成椭圆体；将盛有水的水杯适当倾斜，杯中水面轮廓形成的图形是椭圆等等．

一、椭圆的定义

工人师傅画椭圆的常用方法如图 4-1 所示．取两只小钉子钉在平板上，用一根定长（没有伸缩）的绳子结成一个圈套在这两个钉子上，然后把笔插入圈内并拉紧，使笔尖顺势在平板上移动一圈，笔尖所画出的图形，就是一个椭圆．

椭圆的定义：平面内一个动点到两个定点的距离的和等于定长的点的轨迹叫作**椭圆**．这两个定点叫作**焦点**，两个焦点间的距离叫作**焦距**．

平面将一立体截切后在其表面所形成的交线，通常称为**截交线**．利用椭圆的定义，我们能说明圆柱的倾斜正截交线是椭圆．

如图 4-2 所示，设圆柱体底面半径为 r．在圆柱体斜截面上方放置一个半径为 r、与圆柱体内壁和斜截面都相切的球，它与斜截面产生了一个切点 F_1；在圆柱体斜截面下方也放一个半径为 r，与圆柱体内壁和斜截面都相切的球，它与斜截面产生了另一个切点 F_2．由于球外一点到球的各方向切线都相等，所以，

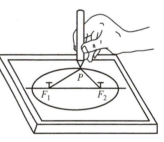

图 4-1

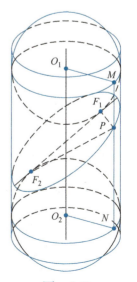

图 4-2

斜截面边界上的动点 P 到斜截面上的两个切点距离和 $PF_1 + PF_2$ 总是等于这个点到上下两圆球与圆柱体内壁相切处的距离和 $PM + PN$，在矩形 MO_1O_2N 中，$PM + PN = O_1O_2 =$ 定值（即上下两圆球的球心距离），这就是说，截交线上任一点到两个定点（切点）的距离的和是定值．所以根据椭圆定义得这个斜截面的截交线是椭圆．

二、椭圆的标准方程及性质

我们根据椭圆的定义来认识椭圆的方程．

取经过椭圆焦点 F_1 和 F_2 的直线为 x 轴，线段 F_1F_2 的垂直平分线为 y 轴，建立直角坐标系，如图 4-3 所示．

设 $P(x, y)$ 是椭圆上任意一点．设焦距为 $2c$，即 $|F_1F_2| = 2c$（$c>0$），则 F_1 和 F_2 的坐标分别是 $(-c, 0)$、$(c, 0)$；又设动点 $P(x, y)$ 到两定点的距离和为 $2a$，即 $|PF_1| + |PF_2| = 2a$（$a>0$），根据两点间的距离公式有

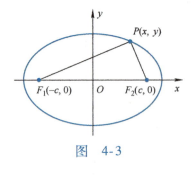

图　4-3

$$\sqrt{(x+c)^2 + y^2} + \sqrt{(x-c)^2 + y^2} = 2a,$$

$$\sqrt{(x+c)^2 + y^2} = 2a - \sqrt{(x-c)^2 + y^2},$$

两边平方，并整理得

$$a^2 - cx = = a\sqrt{(x-c)^2 + y^2},$$

再两边平方，整理得

$$(a^2 - c^2)x^2 + a^2y^2 = a^2(a^2 - c^2).$$

由于在 $\triangle PF_1F_2$ 中，$|PF_1| + |PF_2| > |F_1F_2|$，即 $2a > 2c$，$a>c>0$，所以 $a^2 - c^2 >0$，不妨设 $a^2 - c^2 = b^2$（$b>0$），就有

$$b^2x^2 + a^2y^2 = a^2b^2,$$

$$\frac{x^2}{a^2} + \frac{y^2}{b^2} = 1.$$

$\dfrac{x^2}{a^2} + \dfrac{y^2}{b^2} = 1$ 称为**椭圆的标准方程**．它所表示的椭圆的焦点在 x 轴上，焦点是 $F_1(-c, 0)$，$F_2(c, 0)$，焦距为 $2c$，这里 $a>b>0$，$c^2 = a^2 - b^2$．

问题探究：如图 4-4 所示，如果椭圆的焦点在 y 轴上，且焦点坐标是 $F_1(0, -c)$，$F_2(0, c)$，那么将焦点在 x 轴上的椭圆方程 $\dfrac{x^2}{a^2} + \dfrac{y^2}{b^2} = 1$ 中的 x 与 y 互换，就得这时的椭圆方程是 $\dfrac{y^2}{a^2} +$

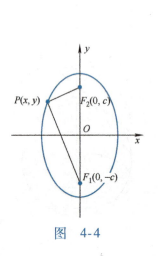

图　4-4

$\dfrac{x^2}{b^2} = 1$，这里仍然有焦距为 $2c$，$a>b>0$，$c^2 = a^2 - b^2$．这个方程

也称为椭圆的标准方程.

问题思考：①在椭圆标准方程的 a、b、c 三个量中，哪个量一定最大？他与其他两个量有什么关系？这个关系式与学过的哪一关系式相似，但本质又不一样呢？②椭圆焦点所在坐标轴的不同，与它的标准方程有什么联系？又与椭圆的长、短轴在坐标轴上的位置有什么关系？

【例】　一底面半径为 1 的圆柱体被一个与圆柱底面倾斜角为 30°的平面所截，求截交线椭圆的方程.

解：建立如图 4-5 所示坐标系，设所求的椭圆方程为 $\dfrac{x^2}{a^2}+\dfrac{y^2}{b^2}=1$，则

$$a=A_1O_1=\dfrac{A_1H}{\cos\alpha}=\dfrac{1}{\cos30°}=\dfrac{2\sqrt{3}}{3},\ b=B_1O_1=1,$$

于是所求截交线椭圆的方程是 $\dfrac{x^2}{\left(\dfrac{2\sqrt{3}}{3}\right)^2}+\dfrac{y^2}{1^2}=1.$

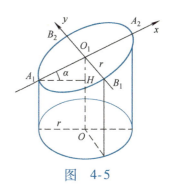

图　4-5

问题思考：圆柱截交线椭圆的长、短轴随着截面倾角的变化会发生变化吗？若不变，则是多少？若变化，则如何变化？

我们根据椭圆的标准方程 $\dfrac{x^2}{a^2}+\dfrac{y^2}{b^2}=1$（$a>b>0$）得到椭圆的几何性质，如图 4-6 所示.

（1）范围：根据标准方程有 $\dfrac{x^2}{a^2}\leqslant1$，$\dfrac{y^2}{b^2}\leqslant1$，所以 $|x|\leqslant a$，$|y|\leqslant b$，这说明椭圆在直线 $x=\pm a$ 和 $y=\pm b$ 所围成的矩形内.

（2）对称性：坐标轴是椭圆的对称轴，原点是椭圆的对称中心. 椭圆的对称中心叫作**椭圆的中心**.

（3）顶点：椭圆与 x 轴的两个交点为 $A_1(-a,0)$、$A_2(a,0)$；与 y 轴的两个交点为 $B_1(0,-b)$、$B_2(0,b)$. 这椭圆与它的对称轴的四个交点，叫作**椭圆的顶点**.

（4）长轴，短轴：线段 A_1A_2、B_1B_2 分别叫作**椭圆的长轴与短轴**. 它们的长 $A_1A_2=2a$、$B_1B_2=2b$. a、b 分别叫作**椭圆的长半轴的长与短半轴的长**. c 叫作**椭圆的半焦距**. 椭圆短轴的端点到两个焦点的距离相等，且等于长轴的长.

（5）离心率：用焦距的长与长轴的长的比来表示椭圆的扁平程度，这个比叫作**椭圆的离心率**，用 e 表示，即 $e=\dfrac{c}{a}$. 椭圆的离心率 e 可以表示椭圆的扁平程度，离心率越大，椭圆就越

扁平；反之亦然.

（6）准线方程：椭圆定义的另一种表述：平面内一个动点到定点的距离与它到定直线的距离比是小于 1 的常数，则这个动点的轨迹是**椭圆**. 定点就是**焦点**，两条定直线 $x = -\dfrac{a^2}{c}$ 与 $x = \dfrac{a^2}{c}$ 称为椭圆的**准线**. 两条准线的位置如图 4-7 所示.

问题思考：你能参照椭圆 $\dfrac{x^2}{a^2} + \dfrac{y^2}{b^2} = 1$ 的几何性质得到椭圆 $\dfrac{y^2}{a^2} + \dfrac{x^2}{b^2} = 1$ 的几何性质吗？

借助椭圆的几何性质，画出椭圆的图形.

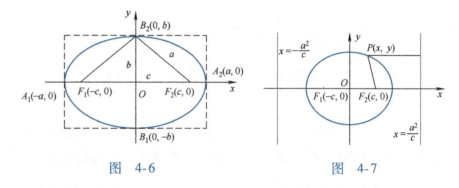

图 4-6　　　　　　　　图 4-7

三、椭圆的切线

我们规定，当直线与椭圆仅有一个交点时，就称这条**直线与椭圆相切**. 这条直线称为椭圆的切线，这个交点称为椭圆的切点，过切点且垂直于切线的直线称为该点的法线.

圆可以看作是椭圆的长、短轴均相等时的特例. 圆与椭圆的这种联系，能对我们研究椭圆的切线有帮助吗？

问题探究：从特殊性出发，获得的信息对我们有启发吗？

我们知道，圆上一点 $P(x_0, y_0)$ 的切线方程可以用 $x_0 x$ 与 $y_0 y$ 分别替代圆方程 $x^2 + y^2 = r^2$ 中的 x^2 与 y^2，得到切线方程 $x_0 x + y_0 y = r^2$，那么对与圆有着这种联系的椭圆，用同样的方法得到的方程 $\dfrac{x_0 x}{a^2} + \dfrac{y_0 y}{b^2} = 1$，是过椭圆上点 $P_0(x_0, y_0)$ 的切线方程吗？

当点 $P_0(x_0, y_0)$ 是长轴端点 $A_1(-a, 0)$ 时，方程 $\dfrac{x_0 x}{a^2} + \dfrac{y_0 y}{b^2} = 1$ 可化为直线方程 $x = -a$，是椭圆的切线；当点 $P_0(x_0,$

y_0）是短轴端点 $B_2(0, b)$ 时，方程$\frac{x_0 x}{a^2} + \frac{y_0 y}{b^2} = 1$ 可化为直线方

程 $y = b$，也是椭圆的切线. 这两个特例在告诉我们，上述猜想可能是正确的.

下面我们来证明上述猜想.

（1）当斜率 k 不存在时，则点 $P(x_0, y_0)$ 在长轴的两个端点上，切线方程为 $x = \pm a$，猜想成立.

（2）当斜率 k 存在时，设切线方程是 $y = kx + m$.

因为 $P(x_0, y_0)$ 是直线与椭圆的交点，则有

$$\begin{cases} y_0 = kx_0 + m, & (1) \\ \dfrac{x_0^2}{a^2} + \dfrac{y_0^2}{b^2} = 1 & (2) \end{cases}$$

将式（1）代入式（2）并整理得

$$(a^2 k^2 + b^2) x_0^2 + 2kma^2 x_0 + a^2(m^2 - b^2) = 0,$$

因为直线与椭圆仅有一个交点，所以 $\Delta = 0$，

即 $(2kma^2)^2 - 4(k^2 a^2 + b^2) a^2 (m^2 - b^2) = 0$，

化简得 $\qquad m^2 = k^2 a^2 + b^2 \qquad (3)$

$$x_0 = \frac{-2kma^2 \pm \sqrt{\Delta}}{2(k^2 a^2 + b^2)} = \frac{-kma^2}{m^2} = -\frac{ka^2}{m}, k = -\frac{mx_0}{a^2},$$

将 $x_0 = -\dfrac{ka^2}{m}$ 代入 $y_0 = kx_0 + m$ 得

$$y_0 = -\frac{k^2 a^2}{m} + m = \frac{-k^2 a^2 + m^2}{m} = \frac{b^2}{m}, \quad m = \frac{b^2}{y_0}, \quad k = -\frac{x_0 b^2}{y_0 a^2},$$

所以切线方程是 $y = -\dfrac{x_0 b^2}{y_0 a^2} x + \dfrac{b^2}{y_0}$，

整理得$\dfrac{x_0 x}{a^2} + \dfrac{y_0 y}{b^2} = 1$，

由式（1）、式（2）可知，猜想成立.

定理：如果 $P(x_0, y_0)$ 是椭圆$\dfrac{x^2}{a^2} + \dfrac{y^2}{b^2} = 1$（$a > b > 0$）上的

一点，那么过这点的椭圆切线方程是$\dfrac{x_0 x}{a^2} + \dfrac{y_0 y}{b^2} = 1$.

问题探究：如果已知椭圆切线的斜率是 k，那么切线方程又如何表述呢？

考察上述定理证明过程及式（3），能发现以下推论.

推论：如果椭圆$\dfrac{x^2}{a^2} + \dfrac{y^2}{b^2} = 1$（$a > b > 0$）的切线的斜率是 k，

那么该切线的方程是 $y = kx \pm \sqrt{k^2 a^2 + b^2}$.

　　问题探究：根据圆与椭圆的特殊与一般联系，上述推论对圆的类似问题有什么猜想呢？

　　猜想：如果圆 $x^2 + y^2 = r^2$ 的切线的斜率是 k，那么该切线的方程是 $y = kx \pm \sqrt{k^2 r^2 + r^2}$. 可以证明这猜想成立.

　　可见，对问题实施特殊化或者一般化是寻求发现的一种手段，也是获得问题解决方向的一种方法.

　　类似地有：

　　定理：如果 $P(x_0, y_0)$ 是椭圆 $\dfrac{y^2}{a^2} + \dfrac{x^2}{b^2} = 1$（$a > b > 0$）上的一点，那么过这点的椭圆切线方程是 $\dfrac{y_0 y}{a^2} + \dfrac{x_0 x}{b^2} = 1$.

　　推论：如果椭圆 $\dfrac{y^2}{a^2} + \dfrac{x^2}{b^2} = 1$（$a > b > 0$）的切线的斜率是 k，那么这切线的方程是 $y = kx \pm \sqrt{k^2 b^2 + a^2}$.

　　【例】　设椭圆 $\dfrac{x^2}{6} + \dfrac{y^2}{2} = 1$ 的切线平行于直线 $\sqrt{3}x + 3y - 6 = 0$，求切线的方程.

　　解法 1：设切线方程为 $y = kx + m$.

　　直线 $\sqrt{3}x + 3y - 6 = 0$ 可化为 $y = -\dfrac{\sqrt{3}}{3}x + 2$，

　　因为切线平行于直线 $y = -\dfrac{\sqrt{3}}{3}x + 2$，所以切线方程为 $y = -\dfrac{\sqrt{3}}{3}x + m$.

　　因为 $y = -\dfrac{\sqrt{3}}{3}x + m$ 是椭圆 $\dfrac{x^2}{6} + \dfrac{y^2}{2} = 1$ 的切线，它们仅有一个交点，所以下列方程组有相等的实数解.

$$\begin{cases} \dfrac{x^2}{6} + \dfrac{y^2}{2} = 1, & (1) \\[2mm] y = -\dfrac{\sqrt{3}}{3}x + m & (2) \end{cases}$$

　　式（2）代入式（1）并整理得，

$$2x^2 - 2\sqrt{3}mx + 3m^2 - 6 = 0,$$
$$\Delta = (-2\sqrt{3}m)^2 - 4 \times 2(3m^2 - 6) = 0,$$
$$m = \pm 2.$$

于是所求的切线方程为 $y = -\dfrac{\sqrt{3}}{3}x + 2$ 或 $y = -\dfrac{\sqrt{3}}{3}x - 2$，如图 4-8 所示.

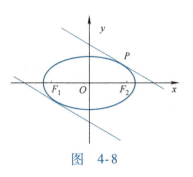

解法 2：设所求切线与椭圆 $\dfrac{x^2}{6} + \dfrac{y^2}{2} = 1$ 的切点为 $P(x_0,\ y_0)$，

那么切线方程是 $\dfrac{x_0 x}{6} + \dfrac{y_0 y}{2} = 1$，就是 $y = -\dfrac{x_0}{3y_0}x + \dfrac{2}{y_0}$；

图　4-8

因为它与直线 $\sqrt{3}x + 3y - 6 = 0$ 平行，所以 $-\dfrac{x_0}{3y_0} = -\dfrac{\sqrt{3}}{3}$，即

$x_0 = \sqrt{3}y_0$；

将 $x_0 = \sqrt{3}y_0$ 代入椭圆方程得 $\dfrac{(\sqrt{3}y_0)^2}{6} + \dfrac{y_0^2}{2} = 1$，解得 $y_0 = \pm 1$；

于是所求的切线方程为 $y = -\dfrac{\sqrt{3}}{3}x + 2$ 或 $y = -\dfrac{\sqrt{3}}{3}x - 2$.

解法 3：设所求与椭圆 $\dfrac{x^2}{6} + \dfrac{y^2}{2} = 1$ 相切的切线方程为 $y = kx \pm \sqrt{k^2 a^2 + b^2}$，它与直线 $\sqrt{3}x + 3y - 6 = 0$ 平行. 所以有 $k = -\dfrac{\sqrt{3}}{3}$，而 $a^2 = 6$，$b^2 = 2$，于是所求的切线方程是 $y = -\dfrac{\sqrt{3}}{3}x \pm$

$\sqrt{\left(-\dfrac{\sqrt{3}}{3}\right)^2 \times 6 + 2}$，即 $y = -\dfrac{\sqrt{3}}{3}x \pm 2$.

四、求与椭圆相关的基点

【例】　如图 4-9 所示是一零件的示意图，在数控车上加工时，编程原点设在右端面与中心轴线的交点上，试求图中 O、A、B、O' 四点的坐标.

解：由图可知，在以椭圆中心为坐标原点的平面直角坐标 $xO'y$ 下，设椭圆的标准方程为 $\dfrac{x^2}{a^2} + \dfrac{y^2}{b^2} = 1$，则 $2a = 30$，$2b = 20$，所以椭圆方程为

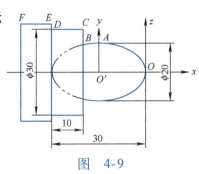

$$\dfrac{x^2}{15^2} + \dfrac{y^2}{10^2} = 1.$$

图　4-9

B 点的横坐标 $x = -\dfrac{30}{2} - 10 = -5$，

纵坐标 $y = \dfrac{10}{15}\sqrt{15^2 - x^2} = \dfrac{2}{3}\sqrt{15^2 - (-5)^2} \approx 9.427$，

在编程坐标系 xOz 下，$O'(0,\ -15)$、$O(0,\ 0)$、$A(10,$

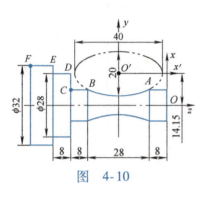

图 4-10

-15）、$B(9.427，-20)$.

【例】 用毛坯为 $\phi30\text{mm}\times80\text{mm}$ 的棒料，在数控车上加工如图 4-10 所示的零件. 编程原点设在右端面与中心轴线的交点 O 上，求：①椭圆轮廓所在椭圆的标准方程；②在编程坐标系下椭圆中心点坐标及椭圆轮廓相关的基点 A、B 的坐标.

解：在以椭圆中心为坐标原点的 $x'O'y$ 坐标系下.

由图可知，椭圆的长半轴长 20mm（x 轴），短半轴长 10mm（y 轴），所以椭圆的标准方程是 $\dfrac{x^2}{20^2}+\dfrac{y^2}{10^2}=1$.

因为 A 点横坐标 $x=14$，有 $\dfrac{14^2}{20^2}+\dfrac{y^2}{10^2}=1$，所以它的纵坐标

$$y=-10\sqrt{1-\dfrac{14^2}{20^2}}=\sqrt{51}\approx7.141.$$ 则 A 点坐标为（$14，-7.141$）；

同理，B 点坐标为（$-14，-7.141$）.

在编程坐标系 xOz 下，

椭圆中心的 $x=14.15$，$z=-\left(\dfrac{28}{2}+8\right)=-22$，即椭圆中心坐标为（$14.15，-22$）.

基点 A 的 $x=14.15-7.141=7.009$，$z=-8$，即基点 A 的坐标为（$7.009，-8$）；同理基点 B 的坐标是（$7.009，-36$）.

由于椭圆标准方程所在坐标系往往与编程坐标系不同，为了计算的方便，在椭圆标准方程所在坐标系中计算的量，需要经过转换才能在编程坐标系下使用. 这种转换关系类似绝对坐标系与相对坐标系的关系，也可以用坐标轴的平移公式.

参考编程为：数控车床程序（FANUC 系统），采用直径编程、精加工参考程序，加工顺序从 $A\rightarrow F$.

序号	程序	注解
	O0001;	程序号
	G0　G40　G97　G99　G21;	程序初始化
	G0　X100　Z100;	快速移动到退刀、换刀点
	M3　S800　T0101　M8;	主轴正转，800r/min、1 号车刀 1 号刀补、切削液开
	G0　X15　Z2;	快速定位到起刀点
	X7.009;	辅助点
	G1　Z0　F0.1;	倒角
	X7.009　Z-0.5;	
	Z-8;	A 点

（续）

序号	程序	注解
	#1 = 14;	
N10	#2 = 20 * SQRT［1 - #1 * #1/100］;	$A - B$ 椭圆宏程序
	#3 = #1 - 26;	
	#4 = 2 * 14. 5 - 2 * #2;	
	G1　X［#4］　Z［#3］　F0. 1;	
	#1 = #1 - 0. 1;	
	IF　［#1　GT　-14］　GOTO10;	
	G1　X7. 009　Z - 36;	B 点
	G1　Z - 44;	椭圆左边轮廓加工
	X14;	
	W - 8;	
	X16;	
	G0　X100　Z100;	快速移动到退刀、换刀点
	M30;	程序结束

【例】　图 4-11 所示是一椭圆形手柄零件的示意轮廓图，在数控加工时，编程原点 O 设在右端面与中心轴线的交点上. 试求出其轮廓线的基点及相关参考点的坐标.

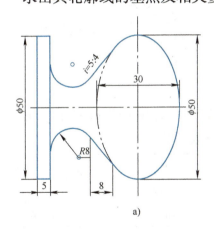

a)

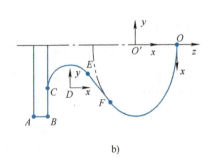

b)

图　4-11

解：该零件轮廓线主要由线段 AB、BC、弧 $\overset{\frown}{CE}$、线段 EF 和椭圆弧 $\overset{\frown}{FO}$ 组成，弧线与线段均为相切连接.

在 $xO'y$ 坐标系下，设椭圆方程为 $\dfrac{y^2}{a^2} + \dfrac{x^2}{b^2} = 1$，由题意知，$2a = 50$，$2b = 30$，则椭圆方程为 $\dfrac{y^2}{25^2} + \dfrac{x^2}{15^2} = 1$，它的切线方程是 $y =$

$kx \pm \sqrt{k^2 b^2 + a^2} = kx \pm \sqrt{15^2 k^2 + 25^2}$;

由 $i = 5 : 4$ 知，切线 EF 的斜率 $k = -\dfrac{5}{4}$，则它的方程是

$y = -\dfrac{5}{4}x - \sqrt{15^2 \times (-\dfrac{5}{4})^2 + 25^2}$，即 $y = -\dfrac{5}{4}x - \dfrac{125}{4}$；

解方程组 $\begin{cases} \dfrac{y^2}{25^2} + \dfrac{x^2}{15^2} = 1 \\ y = -\dfrac{5}{4}x - \dfrac{125}{4} \end{cases}$，得 $\begin{cases} x = -9 \\ y = -20 \end{cases}$，则 F 点的坐标为

$(-9, -20)$；

据图示点 E 与点 F 间的水平距离为 8，则 $x_E = -9 - 8 = -17$，又点 E 在直线 EF 上，则 $y_E = -\dfrac{5}{4} \times (-17) - \dfrac{125}{4} = -10$，得 E 点的坐标为 $(-17, -10)$；

在 xDy 坐标系下，由题意知，圆方程为 $x^2 + y^2 = 8^2$，设它的切线方程是 $y = kx \pm \sqrt{k^2 r^2 + r^2}$，则切线 EF 的方程是 $y = -\dfrac{5}{4}x + \sqrt{(-\dfrac{5}{4})^2 \times 8^2 + 8^2}$，$y = -\dfrac{5}{4}x + 2\sqrt{41}$；

解方程组 $\begin{cases} x^2 + y^2 = 8^2 \\ y = -\dfrac{5}{4}x + 2\sqrt{41} \end{cases}$，得 $\begin{cases} x = \dfrac{40}{\sqrt{41}} \approx 6.247 \\ y = \dfrac{32}{\sqrt{41}} \approx 4.998 \end{cases}$，则 $E(6.247, 4.998)$.

所以，通过不同坐标系的坐标转换，在编程坐标系下，轮廓线的基点及相关参考点的坐标如下表所列：

坐标	O	O'	F	E	D	C	B	A
x（直径方式）	0	0	40	20	29.996	29.996	50	50
z	0	-15	-24	-32	-38.247	-46.247	-46.247	-51.247

其中椭圆线 OE 段的取值范围是 $-32 < z < 0$.

参考编程为：数控车床程序（FANUC 系统），采用直径编程、精加工参考程序，加工顺序从 $F \rightarrow A$.

序号	程序	注解
	O0001;	程序号
	G0　G40　G97　G99　G21;	程序初始化
	G0　X100　Z100;	快速移动到退刀、换刀点

（续）

序号	程序	注解
	M3　S800　T0101　M8;	主轴正转，800r/min、1 号车刀 1 号刀补、切削液开
	G0　X55　Z2;	快速定位到起刀点
	X0;	辅助点
	G1　Z0　F0.1;	O 点
	#1 = 15;	
N10	#2 = 25 * SQRT［1 - #1 * #1/125］;	
	#3 = #1 - 15;	
	#4 = 2 * #2;	O - F 椭圆宏程序
	G1　X［#4］　Z［#3］　F0.1;	
	#1 = #1 - 0.05;	
	IF　［#1　GT　-9］　GOTO10;	
	G1　X40　Z - 24;	F 点
	G1　X20　Z - 32;	E 点
	G2　X29.996　Z - 46.247　R8;	C 点
	G1　X50;	B 点
	Z - 51.247;	A 点
	X55;	A 点 x 轴方向延长线上点
	G0　X100　Z100;	快速移动到退刀、换刀点
	M30;	程序结束

练习题 4.1

（1）平面内两个定点的距离是 16，有一动点到这两个定点的距离和是 20，写出这个动点的轨迹方程.

（2）写出椭圆 $\dfrac{x^2}{25} + \dfrac{y^2}{16} = 1$ 的长轴、短轴长，焦点坐标，离心率，顶点坐标，准线方程，并画出它的图形.

（3）用毛坯为 $\phi30\text{mm} \times 80\text{mm}$ 的棒料，45 钢，在数控车上加工如图 4-12 所示的零件. 编程原点设在右端面与中心轴线的交点 O 上，求①轮廓椭圆的标准方程；②在编程坐标系下椭圆中心点坐标及椭圆轮廓相关的点 O、A、B 的坐标.

（4）已知一零件如图 4-13 所示. 现要在数控车床上加工这一零件，试做出它的轮廓图，确定基点（或节点、参考点），并用直径、半径两种方式写出其坐标.

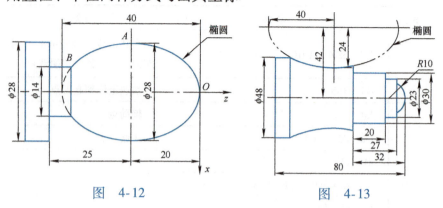

图 4-12   图 4-13

【实践作业】

课题名称：数控加工椭圆面的初步认识.

材料准备：5cm 直径的铝材棒若干；含椭圆面的零件图样若干份，如图 4-14 所示.

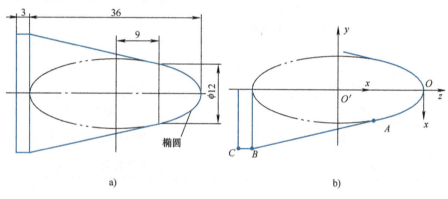

a)   b)

图 4-14

现场准备：实习指导老师两人，数控加工场所准备等.

知识应用：椭圆标准方程 $\dfrac{x^2}{a^2}+\dfrac{y^2}{b^2}=1$ 及其切线，零件轮廓线，基点或节点（含参考点）及坐标.

操作步骤：

（1）椭圆曲面零件的认识. 用 PPT 介绍其基本的应用场景.

（2）根据图示尺寸求椭圆轮廓线的标准方程 $\dfrac{x^2}{a^2}+\dfrac{y^2}{b^2}=1$ 及锥面轮廓线切线的方程.

（3）相关计算.

如图，建立 $xO'y$ 坐标系，设椭圆的标准方程为 $\dfrac{x^2}{a^2}+\dfrac{y^2}{b^2}=1$，且有 $2a=36$，$a=18$，点 A（9，−6）是直线与椭圆相切的切点，则

有 $\dfrac{9^2}{18^2}+\dfrac{(-6)^2}{b^2}=1$，得 $b^2=48$，于是，得椭圆的标准方程是 $\dfrac{x^2}{18^2}+$

$\dfrac{y^2}{48}=1$.

椭圆的切线方程是 $\dfrac{x_0 x}{a^2}+\dfrac{y_0 y}{b^2}=1$，且切点为 $A(9,\ -6)$，所

以切线 AB 的方程为 $\dfrac{9x}{18^2}-\dfrac{6y}{48}=1$，即 $y=\dfrac{2}{9}x-8$，因点 $B(-18,$

$m)$ 在切线 AB 上，所以 $m=\dfrac{2}{9}\times(-18)-8=-12$，即 B 点坐

标为 $(-18,\ -12)$.

在 xOz 坐标系下，零件轮廓线各基点及相关点的坐标是：
$A(6,\ -9)$、$B(12,\ -36)$、$C(12,\ -39)$、$O'(0,\ -18)$，椭
圆曲线段 OB 的取值范围是 $-9<z<0$.

（4）在老师的指导下，编制加工程序.

参考程序：数控车床程序（FANUC 系统），采用直径编程、
精加工参考程序，加工顺序从 $A\to C$.

序号	程序	注解
	O0001；	程序号
	G0 G40 G97 G99 G21；	程序初始化
	G0 X100 Z100；	快速移动到退刀、换刀点
	M3 S800 T0101 M8；	主轴正转，800r/min、1 号车刀 1 号刀补、切削液开
	G0 X55 Z2；	快速定位到起刀点
	X0；	辅助点
	G1 Z0 F0.1；	O 点
	#1 = 18；	
N10	#2 = SQRT［48 - #1 * #1 * 48/18］；	
	#3 = #1 - 18；	
	#4 = 2 * #2；	$O-A$ 椭圆宏程序
	G1 X［#4］ Z［#3］ F0.1；	
	#1 = #1 - 0.1；	
	IF ［#4 LT 12］ GOTO10；	
	G1 X12 Z-9；	A 点
	X24 Z-36；	B 点
	Z-39；	C 点
	X55；	C 点 x 轴方向延长线上点
	G0 X100 Z100；	快速移动到退刀、换刀点
	M30；	程序结束

（5）实施零件加工操作.

4.2 双 曲 线

在学习了椭圆的定义后，你是否有这样的想法：平面内到两个定点的距离之和等于定长的动点轨迹是椭圆，那么，到两个定点的距离之差等于定长（小于两定点间的距离）的动点轨迹是怎样呢？

一、双曲线的定义

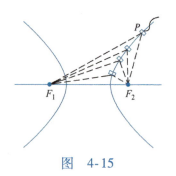

图 4-15

与椭圆一样，做一个类似的实验：如图 4-15 所示，取两根不等长的细绳子，分别把一端固定在两个不同的定点上，另一端同时穿进能紧箍细绳的扣子内，把笔紧贴扣子点，然后两细绳同步放长同样的长度，扣子慢慢地往后缩，且确保笔尖到两定点的距离之差不变，沿着各个方向完成这种操作，笔尖顺势就在左、右两边各画出一条曲线. 这样的轨迹称为双曲线.

双曲线在工业生产中也有好多应用，如发电厂的冷却塔、贮煤场的漏斗、钢管校直机，甚至机器人对声源的搜索、导航等，都与双曲线有联系.

设定点是 F_1 和 F_2，$|F_1F_2| = 2c$，笔尖看成是一个动点 P，那么不论动点 P 移动到何处，它到两个定点 F_1 和 F_2 的距离之差 $||PF_1| - |PF_2||$ 总等于定长 $2a$.

于是，有双曲线的定义：平面内一个动点到两个定点的距离之差的绝对值等于定长的点的轨迹叫作**双曲线**. 这两个定点叫作**焦点**，两个焦点间的距离叫作**焦距**.

二、双曲线的标准方程

取经过焦点 F_1 和 F_2 的直线为 x 轴，线段 F_1F_2 的垂直平分线为 y 轴，建立直角坐标系，如图 4-16 所示.

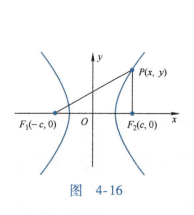

图 4-16

设 $P(x, y)$ 是双曲线上任意一点. $|F_1F_2| = 2c$（$c > 0$），则 F_1、F_2 的坐标分别是（$-c$, 0）、（c, 0）；又设动点 $P(x, y)$ 到两焦点 F_1、F_2 距离差的绝对值为定长 $2a$（$a > 0$），即 $|PF_1| - |PF_2| = \pm 2a$，令 $c^2 - a^2 = b^2$（$b > 0$），得方程 $\dfrac{x^2}{a^2} - \dfrac{y^2}{b^2} = 1$，称此方程为**双曲线的标准方程**.

问题探究：如果双曲线的焦点在 y 轴上，且焦点坐标是 F_1 $(0,-c)$，$F_2(0,c)$，如图 4-17 所示，那么将焦点在 x 轴上的双曲线方程 $\dfrac{x^2}{a^2}-\dfrac{y^2}{b^2}=1$ 中的 x、y 互换，就能得到这时的双曲线方程是 $\dfrac{y^2}{a^2}-\dfrac{x^2}{b^2}=1$，这里仍然有焦距为 $2c$，且有 $c^2-a^2=b^2$，$c>a>0$，$c>b>0$．这个方程也叫作双曲线的标准方程．

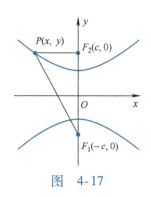

图　4-17

问题思考：①在双曲线标准方程的 a、b、c 三个量中，哪个量一定最大？它与其他两个量有什么关系？它与椭圆方程中 a、b、c 三个量的关系一致吗？②双曲线焦点所在坐标轴的不同与它的标准方程有什么联系？

在贮煤场、钢厂，传统的倒锥形煤斗，由于收缩率大、内壁不光滑、存在死角等问题，会在运行中发生堵煤现象．把传统的倒锥形煤斗改为双曲线型煤斗，能较好地解决这一问题．为制件这种煤斗，要知其双曲线的方程。

【例】　现有一双曲线型煤斗的线形示意图为图 4-18 所示．试根据图示求该煤斗线形的双曲线方程．

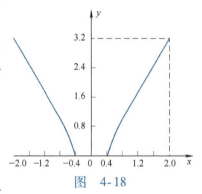

图　4-18

解：根据题意，取 0 点为坐标原点，建立直角坐标系，设双曲线方程为 $\dfrac{x^2}{a^2}-\dfrac{y^2}{b^2}=1$．

因为点 $(0.4,0)$ 与点 $(2,3.2)$ 在双曲线上，所以 $a=0.4$ 及 $\dfrac{2^2}{0.4^2}-\dfrac{3.2^2}{b^2}=1$ 得 $b^2\approx0.4267$，

于是，该煤斗线形的双曲线方程是 $\dfrac{x^2}{0.16}-\dfrac{y^2}{0.4267}=1$．

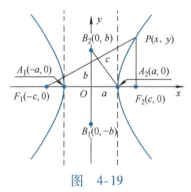

图　4-19

问题思考：若在砌筑双曲线形煤斗时，在双曲线内侧不同的高度上水平放置放样模板，请问模板是什么形状？当高度是 1.6m 时，模板的具体尺寸是多少？

三、双曲线的性质

与椭圆情形一样，分析双曲线的标准方程 $\dfrac{x^2}{a^2}-\dfrac{y^2}{b^2}=1$（$a>0$、$b>0$）可得到双曲线的性质．如图 4-19 与图 4-20 所示．

（1）对称性：图形关于 y 轴、x 轴和坐标原点都对称，即坐标轴是双曲线的对称轴，原点是双曲线的对称中心．双曲线的对称中心叫作**双曲线的中心**．

问题思考：双曲线的对称性在画双曲线时有什么作用？

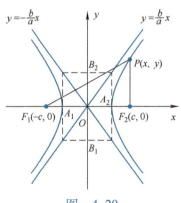

图　4-20

（2）范围：根据双曲线标准方程 $\frac{x^2}{a^2} - \frac{y^2}{b^2} = 1$，求得 $y = \pm \frac{b}{a}$ $\sqrt{x^2 - a^2}$，可知 $x^2 - a^2 \geq 0$，即 $x \geq a$ 或 $x \leq -a$，说明双曲线在 $x = -a$ 和 $x = a$ 两条平行直线的外侧，左侧的一支是 $|PF_1| - |PF_2| = -2a$，右侧的一支是 $|PF_1| - |PF_2| = 2a$.

又有 $x = \pm \frac{a}{b} \sqrt{y^2 + b^2}$，可知 y 不论取任何实数，x 总是有意义的.

根据对称性，我们来看曲线的变化趋势，在第一象限就可以了. 从关系式 $y = \frac{b}{a} \sqrt{x^2 - a^2}$ 中可知，当 x 从 a 开始逐渐增大时，y 对应从 0 开始也随之逐渐增大. 当 x 趋向无穷时，y 也趋向无穷. 因此，双曲线在第一象限内是无限伸展的，或者说是无界的. 所以要画出整个双曲线的图像是不可能的，只能画出它的一部分，但要反映出它的无限伸展的趋势.

（3）顶点：在标准方程中，令 $y = 0$、$x = \pm a$，有双曲线与 x 轴的两个交点为 $A_1(-a, 0)$、$A_2(a, 0)$，它们称为**双曲线的顶点**. 双曲线与 y 轴没有交点，但为了研究方便，我们也把点 $B_1(0, -b)$、$B_2(0, b)$ 画在 y 轴上.

（4）实轴、虚轴：线段 A_1A_2 称为**双曲线的实轴**，它的长等于 $2a$，a 称为**双曲线的实半轴长**；线段 B_1B_2 称为**双曲线的虚轴**，它的长等于 $2b$，b 称为**双曲线的虚半轴长**.

实轴长与虚轴长相等（即 $a = b$）的双曲线称为**等轴双曲线**（也有的叫作等边双曲线）.

（5）渐近线：根据标准方程有 $y = \pm \frac{b}{a} \sqrt{x^2 - a^2} = \pm \frac{bx}{a}$ $\sqrt{1 - \frac{a^2}{x^2}}$. 可以看出，当 x 趋于无穷时，$\frac{a^2}{x^2}$ 趋于零，就是说当 x 趋于无穷时，双曲线上的点几乎就在直线 $y = \pm \frac{b}{a} x$ 上了.

双曲线的各支曲线向外无限伸展，与两条直线 $y = \pm \frac{b}{a} x$ 越来越接近，但永远不相交. 我们把直线 $y = \pm \frac{b}{a} x$ 称为**双曲线的渐近线**.

问题思考：在双曲线图形上如何快速正确地作出渐近线？根据双曲线标准方程如何直接写出渐近线方程？

（6）离心率：与椭圆扁平程度问题相类似，双曲线有开口

大小的问题. 双曲线焦距的长与实轴的长的比值叫作**双曲线的**

离心率，用 e 表示，即 $e = \dfrac{c}{a}$.

显然，双曲线的离心率一定大于 1，即 $e > 1$. 双曲线的离

心率 $e = \dfrac{c}{a}$ 越大，则双曲线开口越大；反之亦然.

问题思考：试比较双曲线的离心率与椭圆离心率概念的
异同.

（7）准线方程：双曲线定义的另一种表述是平面内一个动
点到定点的距离与它到定直线的距离比是大于 1 的常数，则这
个动点的轨迹是**双曲线**. 定点就是**焦点**，定直线叫作双曲线的
准线. 两条准线的位置如图 4-21 所示.

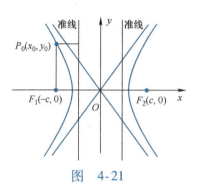

图　4-21

问题思考：①比较双曲线的准线与椭圆的准线的异同；②
你能参照双曲线 $\dfrac{x^2}{a^2} - \dfrac{y^2}{b^2} = 1$ 的几何性质得到双曲线 $\dfrac{y^2}{a^2} - \dfrac{x^2}{b^2} = 1$ 的

几何性质吗？

【例】　某型号机器人的听觉控制系统仿照人的双耳效应设
计而成. 机器人耳两个声音收集点为 F_1、F_2，且 $|F_1F_2| =$
21cm，当这个机器人在行走中两耳收集到同一声源 M 的声音的
时间差 $\Delta t = 3 \times 10^{-5}$s 时，试建立合适的坐标系，求这声源 M 所
在的双曲线方程（取声速 334m/s）.

解：以 F_1F_2 所在直线为 x 轴，F_1F_2 的中垂线为 y 轴，建立
直角坐标系.

设所求双曲线方程为 $\dfrac{x^2}{a^2} - \dfrac{y^2}{b^2} = 1$.

因为 $2c = |F_1F_2| = 21\text{cm} = 2.1 \times 10^{-1}$m，所以 $c = 1.05 \times$
10^{-1}m，

$2a = |MF_1| - |MF_2| = 334\Delta t = 334 \times 3 \times 10^{-5}$m $= 1.002 \times$
10^{-2}m，$a = 5.01 \times 10^{-3}$m，

所以 $b^2 = c^2 - a^2 = (1.05 \times 10^{-1})^2 - (5.01 \times 10^{-3})^2 =$
1.09999×10^{-2}.

于是，其双曲线方程是 $\dfrac{x^2}{2.51001 \times 10^{-5}} - \dfrac{y^2}{1.09999 \times 10^{-2}} = 1$.

问题探究：当声源 M 距双耳的行程较大时，M 点所在的双
曲线位置就与其渐近线趋近，此时声源对于人的方向偏角，就
可以由渐近线的偏角 α 来确定. 人能够依靠自身的功能判断出
偏角的大小，寻找到声源的方向.

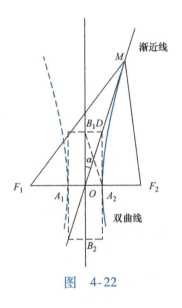

图 4-22

那如何求机器人正前方与声源方向的偏角 α 呢？

如图 4-22 所示，设声源 M 所在双曲线渐近线与其虚轴的偏角为 α. 显然，$\triangle B_1 OD \cong \triangle OB_1 A_2$，$DO = A_2 B_1$，$B_1 D = OA_2$，则

$$\sin\alpha = \sin \angle OB_1 A_2 = \frac{OA_2}{A_2 B_1} = \frac{2OA_2}{2A_2 B_1} = \frac{2a}{2c} = \frac{v\Delta t}{s}$$ （式中 s 是焦距，

$|F_1 F_2| = s$，$v\Delta t$ 是声源 M 到两耳 F_1、F_2 的距离差），由此得出偏角 α.

在上例中，机器人收集到声源 M 的信息后，如何以最短路线向声源 M 靠拢呢？

由上可知，$\sin\alpha = \dfrac{v\Delta t}{s} = \dfrac{334 \times 3 \times 10^{-5}}{2.1 \times 10^{-1}} \approx 0.04771$，

$\alpha = \arcsin 0.04771 = 2°46'$.

因此，机器人应从现有行走方向向右偏过 $2°46'$ 后沿直线行进至声源 M 为最短路线.

四、双曲线的切线

我们规定，当直线与双曲线仅有一个交点时，就称这条**直线与双曲线相切**. 这条直线称为双曲线的切线，这个交点称为双曲线的切点. 过切点且垂直于切线的直线称为该点的法线.

双曲线的切线与椭圆的切线有相似性.

定理：如果 $P(x_0, y_0)$ 是双曲线 $\dfrac{x^2}{a^2} - \dfrac{y^2}{b^2} = 1$（$a > 0$，$b > 0$）

上的一点，那么过点 $P(x_0, y_0)$ 的切线方程是 $\dfrac{x_0 x}{a^2} - \dfrac{y_0 y}{b^2} = 1$.

推论：如果双曲线 $\dfrac{x^2}{a^2} - \dfrac{y^2}{b^2} = 1$（$a > 0$，$b > 0$）的切线的斜率是 k，那么这切线的方程是 $y = kx \pm \sqrt{k^2 a^2 - b^2}$.

问题思考：①根据双曲线 $\dfrac{x^2}{a^2} - \dfrac{y^2}{b^2} = 1$ 的切线方程 $y = kx \pm \sqrt{k^2 a^2 - b^2}$，你能知道双曲线切线的斜率的取值范围吗？②将椭圆 $\dfrac{x^2}{a^2} + \dfrac{y^2}{b^2} = 1$ 的切线方程 $y = kx \pm \sqrt{k^2 a^2 + b^2}$ 与双曲线 $\dfrac{x^2}{a^2} - \dfrac{y^2}{b^2} = 1$ 的切线方程 $y = kx \pm \sqrt{k^2 a^2 - b^2}$ 进行比较，能有什么发现？③圆 $x^2 + y^2 = r^2$ 可以看成是椭圆 $\dfrac{x^2}{a^2} + \dfrac{y^2}{b^2} = 1$ 的特例，那么在此情形下，圆的切线方程是什么形式呢？

五、求与双曲线相关的基点坐标

【例】　用 $\phi 40\text{mm} \times 65\text{mm}$ 的圆钢加工如图 4-23 所示的零件，图中双曲线的标准方程是 $\dfrac{x^2}{10^2} - \dfrac{z^2}{13^2} = 1$，试建立合适的编程坐标系，求出基点、参考点的坐标.

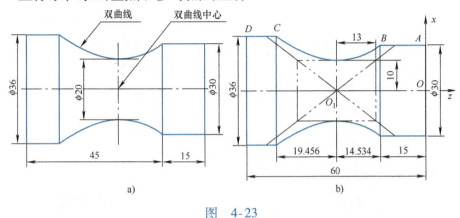

图　4-23

解：在 xO_1z 坐标系中，双曲线的标准方程是 $\dfrac{x^2}{10^2} - \dfrac{z^2}{13^2} = 1$.

因为 B 点 $x = 15$，所以 $\dfrac{15^2}{10^2} - \dfrac{z^2}{13^2} = 1$，

解之得 $z = \pm 13 \sqrt{\dfrac{15^2}{10^2} - 1} \approx \pm 14.534$.

因为 C 点 $x = 18$，所以 $\dfrac{18^2}{10^2} - \dfrac{z^2}{13^2} = 1$，解之得 $z = \pm 13$

$\sqrt{\dfrac{18^2}{10^2} - 1} \approx \pm 19.456$.

建立以零件右端面与中心轴线的交点 O 为坐标原点的 xOz 编程（即工件）坐标系，则零件轮廓线的基点及参考点的坐标为如下：

坐标		O	A	B	O_1	C	D
z		0	0	-15	-29.534	-48.99	-60
x	半径方式	0	15	15	0	18	18
	直径方式	0	30	30	0	36	36

其中，双曲线 z 坐标的起点与终点坐标是 $-15 \sim -48.99$.

　　问题思考：如果把工件坐标系原点建立在双曲线对称中心线上，将会怎样？

　　参考编程为：数控车床程序（FANUC 系统），采用直径编

程、精加工参考程序，加工顺序从 $A \to D$.

序号	程序	注解
	O0001；	程序号
	G0　G40　G97　G99　G21；	程序初始化
	G0　X100　Z100；	快速移动到退刀、换刀点
	M3　S800　T0101　M8；	主轴正转，800r/min、1 号车刀 1 号刀补、切削液开
	G0　X42　Z2；	快速定位到起刀点
	X28；	辅助点
	G1　Z0　F0.1；	倒角
	X30　Z−1；	
	Z−15；	B 点
	#1＝14.534；	
N10	#2＝10＊SQRT［1＋#1＊#1/169］；	
	#3＝#1−29.534；	
	#4＝2＊#2；	$B - C$ 双曲线宏程序
	G1　X［#4］　Z［#3］　F0.1；	
	#1＝#1−0.1；	
	IF　［#1　GT　−19.456］　GOTO10；	
	G1　X36　Z−48.99；	C 点
	Z−60；	D 点
	X45；	D 点 x 轴方向延长线上点
	G0　X100　Z100；	快速移动到退刀、换刀点
	M30；	程序结束

【例】　如图 4-24a 所示是一零件的示意图，在数控车床上加工时，编程原点设在右端面与中心轴线的交点 O 上，圆弧所在圆的圆心在 O_1 点，双曲线标准方程是 $\dfrac{x^2}{6^2} - \dfrac{z^2}{8^2} = 1$，其中心在 O_2 点，试求基点及参考点的坐标.

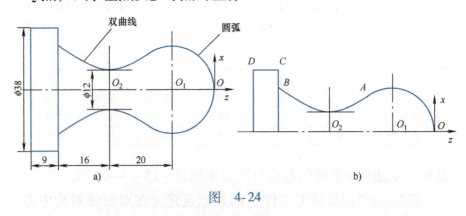

图　4-24

解：据题意得图 4-24b 所示轮廓图. 双曲线与圆弧为相切

关系.

在 xO_2z 坐标系下，双曲线方程是 $\dfrac{x^2}{6^2} - \dfrac{z^2}{8^2} = 1$，

设圆弧所在圆的方程为 $x^2 + (z - 20)^2 = r^2$，

$$\begin{cases} \dfrac{x^2}{6^2} - \dfrac{z^2}{8^2} = 1, & (1) \\ x^2 + (z - 20)^2 = r^2 & (2) \end{cases}$$

由式（1）得，$x^2 = 36 + \dfrac{9}{16}z^2$，代入式（2），并整理得

$$25z^2 - 640z + 6976 - 16r^2 = 0,$$

因为双曲线与圆弧相切，所以 $\Delta = (-640)^2 - 4 \times 25(6976 - 16r^2) = 0$，

$r^2 = 180$，$r = 6\sqrt{5} \approx 13.416$，

则 $z = \dfrac{-(-640)}{2 \times 25} = 12.8$，$x \approx \pm 11.321$，点 A 坐标是 $(11.321,\ 12.8)$.

因 B 点是双曲线与直线的交点，所以有

$$\begin{cases} \dfrac{x^2}{6^2} - \dfrac{z^2}{8^2} = 1, \\ z = -16 \end{cases}$$ 解得 $z = -16$，$x = \pm 6\sqrt{5} \approx \pm 13.416$.

于是，在编程原点设在右端面与中心轴线的交点 O 上的 xOz 坐标系中，各基点及参考点的坐标为：

坐标		O	O_1	A	O_2	B	C	D
z		0	-13.416	-20.616	-33.416	-49.416	-49.416	-58.416
x	半径方式	0	0	11.321	0	13.416	19	19
	直径方式	0	0	22.642	0	26.832	38	38

其中，双曲线 z 坐标的起点与终点坐标是 $-20.616 \sim -49.419$.

参考编程为：数控车床程序（FANUC 系统），采用直径编程、精加工参考程序，加工顺序从 $A \to D$.

序号	程序	注解
	O0001；	程序号
	G0　G40　G97　G99　G21；	程序初始化
	X100　Z100；	快速移动到退刀、换刀点
	M3　S800　T0101　M8；	主轴正转，800r/min、1 号车刀 1 号刀补、切削液开

（续）

序号	程序	注解
	X42　Z2;	快速定位到起刀点
	X0;	辅助点
	G1　Z0　F0.1;	辅助点
	X0　Z0;	O 点
	G3　X22.642　Z−20.616　R13.416;	A 点
	#1＝12.8;	
N10	#2＝6＊SQRT［1＋#1＊#1/64］;	
	#3＝#1−33.416;	
	#4＝2＊#2;	A−B 双曲线宏程序
	G1　X［#4］　Z［#3］　F0.1;	
	#1＝#1−0.1;	
	IF　［#1　GT−16］GOTO 10;	
	G1　X26.832　Z−49.416;	B 点
	X38;	C 点
	Z−58.416;	D 点
	X42;	D 点 x 轴方向延长线上点
	G0　X100　Z100;	快速移动到退刀、换刀点
	M30;	程序结束

　　问题思考：在实际加工中，由于曲线 AB 与直线 BC 处要用圆弧过渡，此处产生的基点如何确定？

　　在双曲线的轮廓加工编程中，要注意双曲线方程在编程坐标系中的形式，尤其是实轴、虚轴的长短与位置；并准确判断双曲线 z 坐标的起点与终点坐标；要把各坐标统一到编程坐标系中；在用直径方式编程时，注意 x 坐标的值.

练习题 4.2

　　（1）已知动圆 M 与圆 C_1：$(x+4)^2+y^2=2$ 外切，与圆 C_2：$(x-4)^2+y^2=2$ 内切，求动圆 M 圆心的轨迹方程.

　　（2）已知双曲线 $\dfrac{x^2}{16}-\dfrac{y^2}{9}=1$.

　　1）写出它的实轴的长、焦点坐标、离心率、顶点坐标、准线方程、渐近线方程；

　　2）画出它的图形；

3）求过点 $P(8，3\sqrt{3})$ 与该双曲线相切的直线方程.

（3）在建筑工地上，钢管脚手架在使用过程中会有轻度的弯曲出现，对此，可以用一种钢管校直机来校直. 钢管校直机的主要工作部件是双曲面轧辊.

已知某型号的钢管校直机上的双曲面轧辊的尺寸如图 4-25 所示，现要制作一块此轧辊的检验样板，用于对轧辊曲线的检验，试求出这块检验样板曲线所在的双曲线方程.

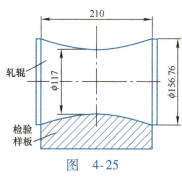

图　4-25

（4）用毛坯尺寸为 $\phi40\text{mm} \times 100\text{mm}$ 的圆钢加工如图 4-26 所示的零件，图中双曲线的标准方程是 $\dfrac{x^2}{10^2} - \dfrac{z^2}{13^2} = 1$，试建立合适的编程坐标系，求出基点、参考点的坐标.

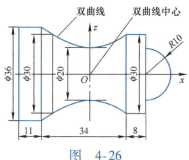

图　4-26

（5）一零件的轮廓图如图 4-27 所示，为了在数控车床上加工这一零件，编程原点设在右端面与中心轴线的交点 O 上. 椭圆中心在 O_1 点，双曲线中心坐标在 O_2 点. 试据图示求：①在 xO_1z 坐标系下，椭圆的标准方程；②在 xO_2z 坐标系下，双曲线的标准方程；③加工编程坐标系下的基点、参考点的坐标.

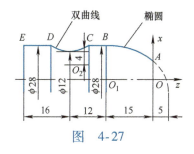

图　4-27

【实践作业】

课题名称：含双曲线轮廓零件的基点计算及车削见习.

材料准备：常见含双曲线曲线零件实物若干；图 4-28 所示的含双曲线曲线零件加工图样若干份，及演示用加工含双曲线曲线零件材料两套，制作检验样板用塑料硬板等材料.

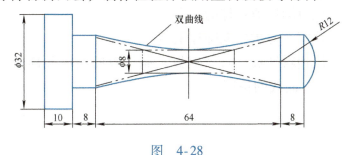

图　4-28

现场准备：实习指导老师两人，数控车床两台，刀具及相关材料.

知识应用：双曲线方程的求解，基点的确定与求解.

操作步骤：

（1）含双曲线曲线零件的认识.

展示含双曲线曲线的零件实物，用 PPT 介绍其若干应用场景，认识常见的含双曲线曲线零件.

（2）计算用数控车床车削该类零件时，基点等坐标的值.

已知用 $\phi50\text{mm}\times110\text{mm}$ 的圆钢加工如图 4-28 所示的零件，试求图中双曲线的标准方程和圆弧所在圆的标准方程；并建立合适的编程坐标系，求出基点、参考点的坐标等；在老师的指导下，编写、输入加工程序.

基于数控车床程序（FANUC 系统），采用直径编程、精加工参考程序，补全下列程序，并输入命令.

序号	程序	注解
	O0001；	程序号
	G0　G40　G97　G99　G21；	程序初始化
	G0　X100　Z100；	快速移动到退刀、换刀点
	M3　S800　T0101　M8；	主轴正转，800r/min、1 号车刀 1 号刀补、切削液开
	G0　X35　Z2；	快速定位到起刀点
	X0；	辅助点
	G1　Z0　F0.1；	辅助点
	X0　Z0；	O 点
		基点 1
		基点 2
		基点…
	G0　X100　Z100；	快速移动到退刀、换刀点
	M30；	程序结束

（3）练习圆柱类零件的装夹.

（4）观摩实习指导老师加工零件.

（5）用塑料硬板（代薄钢板）制作双曲线检验样板，检验已加工零件双曲线的精度.

4.3　抛　物　线

我们已经知道，圆、椭圆、双曲线是平面内到一个或两个定点的距离具有某种特性的动点的轨迹，那么，抛物线又是具有哪类特性的动点轨迹呢？

一、抛物线定义

先做一个实验：如图 4-29 所示，将一直尺固定在平板上，视这直尺的一边为一定直线 l，再将一三角板的较短直角边紧靠

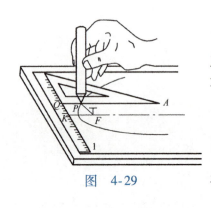

图　4-29

直线 l，在另一条直角边的锐角顶点 A 处系上一条细绳，取绳的长与直角边等长．将绳的另一端结系一小钉，并把它钉在平板上的 F 处，则 F 为定点，然后以笔尖紧靠三角板把绳拉紧，并将三角板紧靠 l 移动，笔尖顺势所画的图形就是抛物线．

从上可知，把笔尖看成是一个动点 P，不论动点 P 移动到何处，它到定点 F 的距离 $|PF|$ 总是等于它到定直线 l 的距离 $|PQ|$．这是因为 $|PF| + |PA| = |PQ| + |PA|$，所以 $|PF| = |PQ|$．

于是，有**抛物线的定义**：平面内到一个定点的距离和它到一定直线的距离相等的点的轨迹叫作**抛物线**．这个定点叫作抛物线的焦点，用 F 表示，这条定直线叫作抛物线的**准线**，用 l 表示．焦点到准线的距离 $|FK|$ 叫作**焦参数**，用 p（$p > 0$）表示．

二、抛物线的标准方程

借鉴推导椭圆、双曲线标准方程的方法：取经过焦点 F，且垂直于准线的直线为 x 轴，设垂足为 K，以 KF 的垂直平分线为 y 轴，建立直角坐标系，如图 4-30 所示．

则焦点 F 的坐标是 $\left(\dfrac{p}{2},\ 0\right)$，准线 l 的方程是 $x = -\dfrac{p}{2}$．方程 $y^2 = 2px$ 叫作**抛物线的标准方程**．

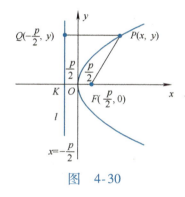

图　4-30

问题探究：如果抛物线的焦点在 y 轴正半轴上，那么抛物线的方程如何呢？

取经过焦点 F，且垂直于准线的直线为 y 轴，设垂足为 K，以 KF 的垂直平分线为 x 轴，建立直角坐标系，如图 4-31 所示．

于是就有焦点 F 的坐标是 $\left(0,\ \dfrac{p}{2}\right)$，准线 l 的方程是 $y = -\dfrac{p}{2}$，抛物线的方程是 $x^2 = 2py$．

$x^2 = 2py$ 称为焦点在 y 轴正半轴上的抛物线标准方程．

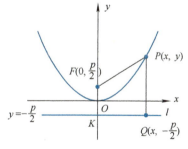

图　4-31

同样地，抛物线的焦点分别在 x 轴负半轴、y 轴负半轴上时对应的标准方程是 $y^2 = -2px$ 与 $x^2 = -2py$．

问题思考：在抛物线 $y^2 = 2px$、$y^2 = -2px$、$x^2 = 2py$ 和 $x^2 = -2py$ 四种形式的标准方程中，$2p$ 前符号的正、负与焦点在坐标轴上的位置有什么关系？

【例】　如图 4-32 所示，某零件轮廓线上的一部分是抛物线，试根据图示，求这抛物线的标准方程．

解：根据题意，建立如图所示的坐标系，设抛物线的标准

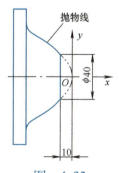

图　4-32

方程是$y^2 = -2px$.

因为抛物线过点（-10，20），所以有$20^2 = -2p \times (-10)$，$p = 20$，

则该抛物线的标准方程是$y^2 = -40x$.

三、抛物线的性质

我们以标准方程$y^2 = 2px$为例来认识抛物线的几何性质.

（1）范围：根据标准方程$y^2 = 2px$和$p > 0$知，$x \geqslant 0$，$y = \pm\sqrt{2px}$，抛物线上的点除其原点上一点外都在y轴右侧，即开口向右，当x值无限增大时，$|y|$的值亦无限增大，就是说，抛物线在y轴右侧向上、向下无限伸展，抛物线为无界曲线.

（2）对称性：在标准方程中，用$-y$代换y，其方程不变，所以其图形关于x轴对称. 我们把抛物线的对称轴称作**抛物线的轴**. 抛物线只有一条对称轴，没有对称中心.

（3）顶点：抛物线与其对称轴的交点叫作**抛物线的顶点**. 抛物线$y^2 = 2px$的顶点是原点.

（4）离心率：与椭圆和双曲线一样，我们把抛物线上任一点到焦点的距离和这点到准线的距离的比叫作**抛物线的离心率**，用e表示. 由抛物线的定义知，$e = 1$.

问题思考：你能类似地得到抛物线另三种标准方程形式$x^2 = 2py$、$y^2 = -2px$和$x^2 = -2py$的性质吗？

四、抛物线的切线方程

我们规定，当直线与抛物线仅有一个交点，且不平行于其对称轴时，就称这条**直线与抛物线相切**. 这条直线称为**抛物线的切线**，这个交点称为抛物线的切点. 过切点且垂直于切线的直线称为该点的法线.

问题探究：我们已经认识了圆、椭圆、双曲线的切线方程，会有这样的念头：如何利用它们间的相似性，把上述切线的法则运用到抛物线呢？即猜想过抛物线$y^2 = 2px$上一点$P(x_0，y_0)$的切线是$y_0 y = 2p\left(\dfrac{x + x_0}{2}\right)$吗？这个猜想是成立的.

证明：

（1）当切线斜率k不存在时，则点$P(x_0，y_0)$在抛物线的顶点上，$x_0 = 0$，$y_0 = 0$，有$0 \times y = 2p\left(\dfrac{x + 0}{2}\right)$，切线方程为直线$x = 0$，猜想成立.

（2）当切线的斜率 k 存在时，设切线方程是 $y = kx + m$.

因为 $P(x_0, y_0)$ 是直线与抛物线的交点，则有

$$\begin{cases} y_0 = kx_0 + m, & (1) \\ y_0^2 = 2px_0 & (2) \end{cases}$$

将式（1）化为 $x_0 = \dfrac{y_0 - m}{k}$，代入式（2）并整理得

$$ky_0^2 - 2py_0 + 2pm = 0,$$

因为直线抛物线仅有一个交点，所以 $\Delta = 0$，

即 $4p^2 - 4k \times 2pm = 0$，

因为 $p \neq 0$，则 $p = 2km$，

因为 $y_0 = \dfrac{2p \pm \sqrt{\Delta}}{2k}$，则 $k = \dfrac{p}{y_0}$，

将 $y_0 = \dfrac{p}{k}$ 代入 $x_0 = \dfrac{y_0 - m}{k}$ 得 $m = \dfrac{p}{k} - kx_0$，因 $k = \dfrac{p}{y_0}$，所以

$m = y_0 - \dfrac{px_0}{y_0}$，

所以切线方程是 $y = \dfrac{p}{y_0}x + y_0 - \dfrac{px_0}{y_0}$，$y_0 y = px + y_0^2 - px_0$，

$y_0 y = px + 2px_0 - px_0$，

即 $y_0 y = 2p\left(\dfrac{x + x_0}{2}\right)$，

可知，猜想成立.

定理：如果 $P(x_0, y_0)$ 是抛物线 $y^2 = 2px(p > 0)$ 上的一点，那么过点 $P(x_0, y_0)$ 的切线方程是 $y_0 y = 2p\left(\dfrac{x + x_0}{2}\right)$.

推论：如果抛物线 $y^2 = 2px(p > 0)$ 切线的斜率是 k，那么这切线的方程是 $y = kx + \dfrac{p}{2k}$.

问题思考：抛物线其他三种标准形式 $x^2 = 2py$、$y^2 = -2px$ 和 $x^2 = -2py$ 的切线方程的形式分别是什么？

【例】 图 4-33 所示是某一零件的轮廓线局部，它由抛物线线段与直线段相切构成，试根据图示数据求直线 CD 的方程、BC 段抛物线方程及其切点 C 的坐标.

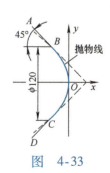

图 4-33

解：根据图示，设抛物线方程为 $y^2 = -2px$，则它在点 $P(x_0, y_0)$ 处的切线方程是 $y_0 y = -2p\left(\dfrac{x + x_0}{2}\right)$；

设直线 CD 的方程为 $y = kx + b$，$k = \tan 45° = 1$，则有直线

CD 的方程 $y = x + b$；

因为切点 C 的坐标为 $(m, -60)$，所以有切线方程 $-60y = -2p\left(\dfrac{x+m}{2}\right)$，即 $y = \dfrac{p}{60}x + \dfrac{pm}{60}$，它与 CD 直线 $y = x + b$ 为同一方程，则有 $\dfrac{p}{60} = 1$，$\dfrac{pm}{60} = b$，得 $p = 60$，$m = b$，则抛物线方程为 $y^2 = -120x$.

因点 C $(m, -60)$ 在抛物线 $y^2 = -120x$ 上，所以有 $(-60)^2 = -120m$，$m = -30$，则切线 CD 的方程是 $y = x - 30$，切点 C 的坐标是 $(-30, -60)$.

五、求与抛物线相关的基点坐标

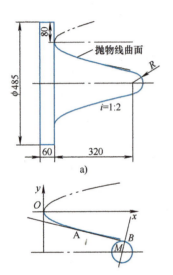

【例】 如图 4-34a 所示，某一零件由抛物线曲面、锥面与球面组成. 抛物线方程为 $y^2 = 40x$，锥面的锥度为 $1:2$. 现要在数控车上加工这一零件，试确定其轮廓的基点及其坐标.

解：由图可知，轮廓线主要是由锥度为 $i = 1:2$ 的直线与抛物线相切（设切点为 A），又与圆外切（设切点为 B）组成.

在 xOy 坐标平面内，如图 4-34b 所示，与抛物线方程 $y^2 = 40x$ 相切的直线 AB 锥度是 $1:2$，则斜率 $k = -\dfrac{1}{4}$；

由抛物线的切线公式 $y = kx + \dfrac{p}{2k}$，得直线 AB 的方程是 $y = -\dfrac{1}{4}x - 40$.

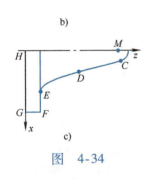

图 4-34

解方程组 $\begin{cases} y^2 = 40x \\ y = -\dfrac{1}{4}x - 40 \end{cases}$，得 $\begin{cases} x = 160 \\ y = -80 \end{cases}$，则切点 A 的坐标为 $(160, -80)$.

因为直线 AB 与 $\odot M$ 外切，所以圆心点 M 到直线 AB：$y = -\dfrac{1}{4}x - 40$，即 $x + 4y + 160 = 0$ 的距离 $d = R$.

圆心 M 的横坐标 $x = 320$，纵坐标 $y = -\left(\dfrac{485}{2} - 80\right) = -162.5$，

所以 $R = d = \dfrac{|320 + 4(-162.5) + 160|}{\sqrt{1 + 16}} = 10\sqrt{17}$，

切点 B 的法线方程是 $y + 162.5 = 4(x - 320)$，即 $4x - y - 1442.5 = 0$，解方程组 $\begin{cases} x + 4y + 160 = 0 \\ 4x - y - 1442.5 = 0 \end{cases}$，得 $\begin{cases} x = 330 \\ y = -122.5 \end{cases}$，则

切点 $B(330, -122.5)$.

建立如图 4-34c 所示的 xHz 工件坐标系，则轮廓的基点（含参考点）坐标为：

坐标	G	F	E	D	C	M
x（直径方式编程）	485	485	325	165	80	0
z	0	60	60	220	390	380

其中抛物线 ED 段的取值范围是 $60 < z < 220$.

参考编程为：数控车床程序（FANUC 系统）、采用直径编程、精加工参考程序.

序号	程序	注解
	O0001；	程序号
	G0　G40　G97　G99　G21；	程序初始化
	G0　X100　Z100；	快速移动到退刀、换刀点
	M3　S800　T0101　M8；	主轴正转，800r/min、1 号车刀 1 号刀补、切削液开
	G0　X485　Z2；	快速定位到起刀点
	X0；	辅助点
	G1　Z0　F0.1；	辅助点
	X0　Z0；	O 点
	G3　X80　Z［10 - 10 * SQRT17］　R［10 * SQRT17］；	C 点
	G1　U85　W - 170；	D 点
	#1 = 100；	
N10	#2 = SQRT［40 * #1］；	
	#3 = #1 - 320 - 10 * SQRT17；	
	#4 = 325 - 2 * #2；	$D - E$ 抛物线宏程序
	G1　X［#4］　Z［#3］　F0.1；	
	#1 = #1 - 0.2；	
	IF　［#1　GT　0］　GOTO　10；	
	G1　X325　Z［ - 320 - 10 * SQRT17］；	E 点
	X485；	F 点
	Z - 380；	G 点
	X490；	G 点 x 轴方向延长线上点
	G0　X500　Z200；	快速移动到退刀、换刀点
	M30；	程序结束

问题探究：工件坐标系 z 轴向零点为什么不选在零件的右端面呢？在本题中，为了尽量使编程简单，直接用图样尺寸，使坐标值尺寸换算少、加工误差小，所以零点不按一般方法选在工件的右端面，而选在 H 点.

在不同的坐标系下计算的坐标值，在绝对坐标系下转换时要注意其相互关系.

练习题 4.3

（1）根据下列条件，求抛物线的标准方程.

1）焦点 F 坐标是（1，0）；

2）焦点在 x 轴的正半轴上，且焦点到准线的距离是 5；

3）准线方程是 $y = -4$；

4）焦参数是 3，且焦点在 x 轴的正半轴上.

（2）图 4-35 所示为一电器电杯零件图，为了在数控车床上加工它的内轮廓抛物线曲面，试求其抛物线方程.

（3）图 4-36 所示是一含有抛物线曲面的零件，试求出它的基点及参考点坐标，并指出抛物线段变量的取值范围.

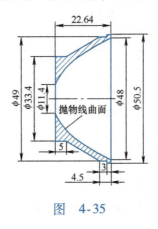
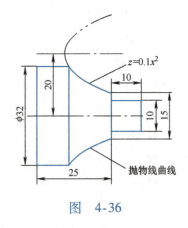

图 4-35   图 4-36

（4）图 4-37 所示是一零件的轴截面图，该零件的内部是一以抛物线曲面为底且与直线相切的内壁，抛物线方程是 $y^2 = 40x$. 在数控车床上加工时，试建立合适的坐标系，求出轮廓的基点坐标.

（5）图 4-38 所示是一由抛物线曲面、锥面与球面组成的零件. 抛物线方程为 $y^2 = 60x$，锥面的锥度为 4 : 3，圆半径是 50mm. 在数控车床上加工这一零件时，试确定其轮廓的基点及其坐标.

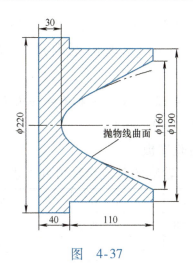

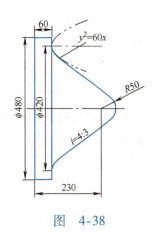

图 4-37   图 4-38

【实践作业】

课题名称：抛物线曲面检验样板的制作.

具体内容：某含有抛物线曲面的零件的尺寸（单位：cm）如图 4-39a 所示，试求出图中阴影部分检验样板中曲线弧所在的曲线方程，并用适当的方法制作出该曲线的检验样板.

材料准备：根据检验样板制作方法选择材料，如直尺、划规、钢薄板、钻床、锉刀、数控线切割机等.

知识应用：抛物线方程、基点、拱形作图等.

操作步骤：

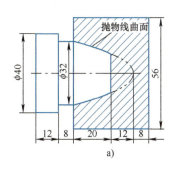

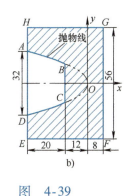

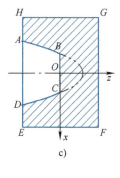

a)   b)   c)

图 4-39

（1）根据图示求曲线方程.

建立如图 4-39b 所示的坐标系，设所求的直线方程为 $y^2 = -2px$，

因为点 $A(-32, 16)$ 在曲线上，所以有 $16^2 = -2p(-32)$，$2p = 8$，则所求的曲线方程为 $y^2 = -8x$（x 取值范围是 $-32 \leqslant x \leqslant -12$）.

当 $x = -12$ 时，$y^2 = -8 \times (-12)$，$y = \pm 4\sqrt{6} \approx \pm 9.798$，所以 $B(-12, 9.798)$、$C(-12, -9.798)$.

（2）选用数控线切割制作检验样板.

在图 4-39c 所示的坐标系下，轮廓的基点坐标可列下表：

坐标	H	A	B	C	D	E	F	G
x	-28	-16	-9.798	9.798	16	28	28	-28
z	-20	-20	0	0	-20	-20	20	20

特别地，AB 段与曲线 CD 是抛物线，在编程时，注意其变量的取值范围及其方法. 在数控线切割机上加工.

（3）选用传统机械加工方法制作检验样板.

1）划线：取适当尺寸的薄钢板，用作拱形的传统方法作抛物线（也可先在硬纸板上作抛物线图样，再复制到钢板上）；

2）钻孔：在轮廓拐点钻孔；

3）锯割：对抛物线等线段粗加工；

4）磨削：用传统钳工工艺精加工轮廓.

比较数控加工与传统钳加工制作样板的不同.

第 5 章 基点计算的方法

一个零件的轮廓往往是由许多不同的几何元素组成的. 在准确判断它们之间的关系后,针对不同类型的基点,采用不同方法求解过程中,常常要联立方程组求解,但此计算过程比较烦琐,为简化计算,可以将计算过程标准化.

5.1 基点计算的标准化方法

我们把直线与圆弧相交或相切、圆弧与圆弧相交或相切、直线与两圆相切类型基点的标准化计算列成下表.

类型	图示	推导计算公式	说明
(一) 直线 与圆 相交	已知: k, b, (x_0, y_0), R 求: (x_c, y_c) 	方程: $\begin{cases}(x-x_0)^2+(y-y_0)^2=R^2, \\ y=kx+b\end{cases}$ 公式: $A=1+k^2$ $B=2[k(b-y_0)-x_0]$ $C=x_0^2+(b-y_0)^2-R^2$ $x_c=\dfrac{-B\pm\sqrt{B^2-4AC}}{2A}$ $y_c=kx_c+b$	公式也可用于求解直线与圆相切时的切点坐标. 当直线与圆相切时,取 $B^2-4AC=0$, 对应 $x_c=-\dfrac{B}{2A}$, 其余算式不变

(二)
两圆
相交
	已知: (x_1, y_1), R_1;
	      (x_2, y_2), R_2;
	求: (x_c, y_c)
	
		方程: $\begin{cases}(x-x_1)^2+(y-y_1)^2=R_1^2, \\ (x-x_2)^2-(y-y_2)^2=R_2^2\end{cases}$
		
		公式: $\Delta x=x_2-x_1$, $\Delta y=y_2-y_1$
		$D=\dfrac{(x_2^2+y_2^2-R_2^2)-(x_1^2+y_1^2-R_1^2)}{2}$
		$A=1+\left(\dfrac{\Delta x}{\Delta y}\right)^2$
		$B=2\left[\left(y_1-\dfrac{D}{\Delta y}\right)\dfrac{\Delta x}{\Delta y}-x_1\right]$
		$C=\left(y_1-\dfrac{D}{\Delta y}\right)^2+x_1^2-R_1^2$
		$x_c=\dfrac{-B\pm\sqrt{B^2-4AC}}{2A}$
		$y_c=\dfrac{D-\Delta x x_c}{\Delta y}$
			当两圆相切时, $B^2-4AC=0$, 公式可用于求两圆相切时的切点.
			  公式中求解 x_c 时,其较大的值取 "＋",较小的值取 "－"

（续）

类型	图示	推导计算公式	说明
（三）直线与圆相切	已知：$(x_1, y_1), (x_2, y_2), R$ 求：(x_c, y_c) 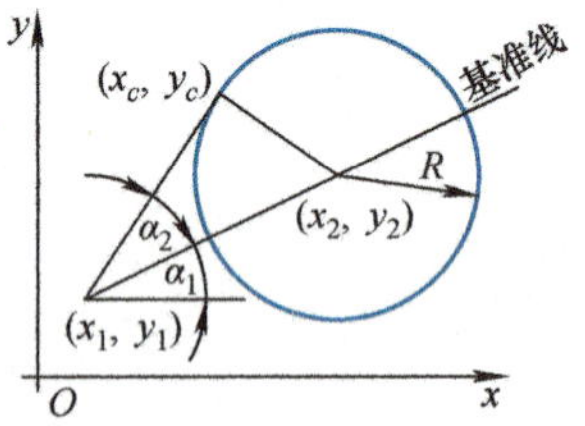 	$\Delta x = x_2 - x_1, \Delta y = y_2 - y_1$ $\alpha_1 = \arctan \dfrac{\Delta y}{\Delta x}$ $\alpha_2 = \arcsin \dfrac{R}{\sqrt{\Delta x^2 + \Delta y^2}}$ $\beta = \lvert \alpha_1 \pm \alpha_2 \rvert$ $x_c = x_2 \pm R\lvert \sin\beta \rvert$ $y_c = y_2 \pm R\lvert \cos\beta \rvert$	要注意公式中角度的方向，因过圆外一点的切线有两条，具体到哪一条要由 α_2 前面的 "±" 选取，直线相对于基准线逆时针方向旋转时为 "+"，反之为 "−". x_c 在 x_2 右边取 "+"，左边取 "−"；y_c 在 y_2 上方取 "+"，下方取 "−"（以下类似情况取号相同）
（四）直线与圆相交	已知：$(x_1, y_1), (x_2, y_2), R$ 求：(x_c, y_c) 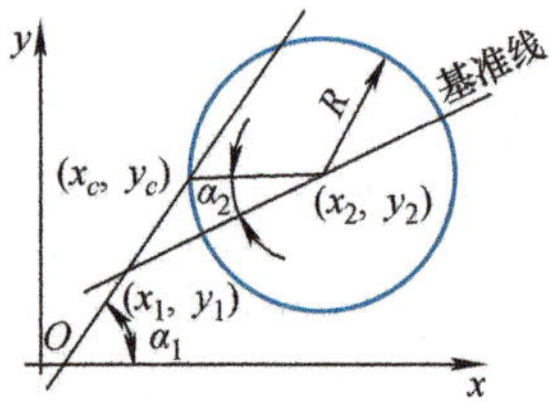 	$\Delta x = x_2 - x_1, \quad \Delta y = y_2 - y_1$ $\alpha_2 = \arcsin \left\lvert \dfrac{\Delta x \sin\alpha_1 - \Delta y \cos\alpha_1}{R} \right\rvert$ $\beta = \lvert \alpha_1 \pm \alpha_2 \rvert$ $x_c = x_2 \pm R\lvert \cos\beta \rvert$ $y_c = y_2 \pm R\lvert \sin\beta \rvert$	公式中的角度是有向角，α_1 取角度绝对值不大于 90° 范围内的那个角，这个角是直线与 x 轴逆时针方向所成的取 "+"，反之为 "−"
（五）圆与圆相交	已知：$(x_1, y_1), R_1$； $(x_2, y_2), R_2$； 求：(x_c, y_c) 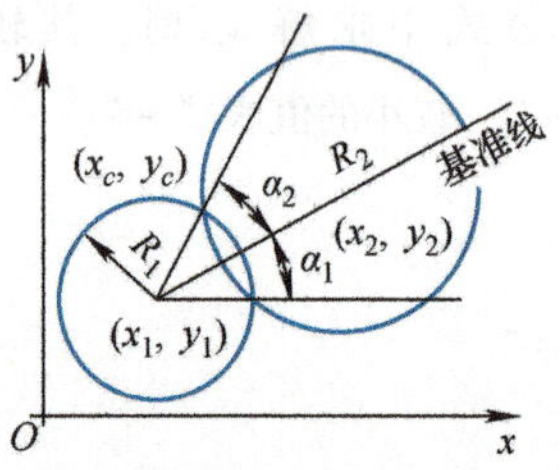 	$\Delta x = x_2 - x_1, \Delta y = y_2 - y_1$ $d = \sqrt{\Delta x^2 + \Delta y^2}$ $\alpha_1 = \arctan \dfrac{\Delta y}{\Delta x}$ $\alpha_2 = \arccos \dfrac{R_1^2 + d^2 - R_2^2}{2R_1 d}$ $\beta = \lvert \alpha_1 \pm \alpha_2 \rvert$ $x_c = x_1 \pm R_1 \cos\lvert \beta \rvert$ $y_c = y_1 \pm R_1 \sin\lvert \beta \rvert$	两圆相切时，α_2 为零. 两圆相交的另一交点的坐标根据公式中的 "±" 选取，结合图形，正确选取 x 值和 y 值相互间的搭配

（续）

类型	图示	推导计算公式	说明
（六） 直线与 两圆相切	已知：$(x_1,\ y_1)$，R_1； $(x_2,\ y_2)$，R_2； 求：$(x_c,\ y_c)$ 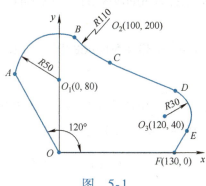	$\Delta x = x_2 - x_1$，$\Delta y = y_2 - y_1$ $\alpha_1 = \arctan \dfrac{\Delta y}{\Delta x}$ $\alpha_2 = \arcsin \dfrac{R_2 \pm R_1}{\sqrt{\Delta x^2 + \Delta y^2}}$ $\beta = \mid \alpha_1 \pm \alpha_2 \mid$ $x_{c1} = x_1 \pm R_1 \sin\beta$ $y_{c1} = y_1 \pm R_1 \mid \cos\beta \mid$ 同理，$x_{c2} = x_2 \pm R_2 \sin\beta$ $y_{c2} = y_2 \pm R_2 \mid \cos\beta \mid$	求 α_2 角度时，内公切线用 "+"，外公切线用 "-". R_2 为大圆半径，R_1 为小圆半径

特别需要指出的是，利用上述表中推导的公式，采用标准化计算的过程中，应尽可能地与图形结合，在数形结合下，提高计算的效能.

【例】　图 5-1 所示为一数控铣削零件的轮廓图，试分析轮廓线的组成；并在此基础上用三角函数法求解基点坐标.

图　5-1

解：轮廓线是由线段 OA 与弧 $\overparen{AB}$ 相交、弧 $\overparen{AB}$ 与弧 $\overparen{BC}$ 相交、弧 $\overparen{BC}$ 和弧 $\overparen{DE}$ 与线段 CD 内切、线段 EF 与弧 $\overparen{DE}$ 相切、线段 FO 与线段 OA 相交组成 120°角.　基点为 A、B、C、D、E、F、O.

A 点：直线 OA 与弧 $\overparen{AB}$ 的交点.

因为 α_1 是直线 OA 与 x 轴的夹角，要取角度绝对值不大于 90°范围内的角，其值为 60°，它是直线 OA 与 x 轴逆时针方向所成角，因此取 "+"号，所以 $\alpha_1 = 60°$.　则有

$$\Delta x = x_2 - x_1 = 0，\quad \Delta y = y_2 - y_1 = 80 - 0 = 80，$$

$$\alpha_2 = \arcsin \left| \frac{\Delta x \sin\alpha_1 - \Delta y \cos\alpha_1}{R} \right| = \arcsin \left| \frac{0 \times \sin60° - 80\cos60°}{50} \right|$$

$$= \arcsin 0.8 = 53°8'，$$

$$\beta = \mid \alpha_1 \pm \alpha_2 \mid = \mid 60 - 53°8' \mid = 6°52'，\text{（直线相对基准线是顺}$$

时针方向，α_2 前取 " – "）

$x_A = x_2 \pm R|\cos\beta| = 0 - 50|\cos6°52'| = -49.641$，（$x_A$ 在 x_2 的左边，取 " – "）

$y_A = y_2 \pm R|\sin\beta| = 80 + 50\sin6°52' = 85.981$．（$y_A$ 在 y_2 的上边，取 " + "）

B 点：弧 $\overset{\frown}{AB}$ 与弧 $\overset{\frown}{BC}$ 相交点．

$\Delta x = x_2 - x_1 = 100 - 0 = 100$，$\Delta y = y_2 - y_1 = 200 - 80 = 120$，

$d = \sqrt{\Delta x^2 + \Delta y^2} = \sqrt{100^2 + 120^2} = 156.205$，

$\alpha_1 = \arctan\dfrac{\Delta y}{\Delta x} = \arctan\dfrac{120}{100} = \arctan1.2 = 50°12'$，

$\alpha_2 = \arccos\dfrac{R_1^2 + d^2 - R_2^2}{2R_1 d} = \arccos\dfrac{50^2 + 156.205^2 - 110^2}{2 \times 50 \times 156.205}$

$\quad = \arccos0.9475 = 18°39'$，

$\beta = |\alpha_1 \pm \alpha_2| = |50°12' + 18°39'| = 68°51'$，（$\alpha_2$ 是逆时针方向形成角，取 " + "）

$x_B = x_1 \pm R_1\cos|\beta| = 50\cos68°51' = 18.041$，（$x_B$ 在 x_1 的右边，取 " + "）

$y_B = y_1 \pm R_1\sin|\beta| = 80 + 50\sin68°51' = 126.631$．（$y_B$ 在 y_1 的上方，取 " + "）

C 点与 D 点：弧 $\overset{\frown}{BC}$ 和弧 $\overset{\frown}{DE}$ 与线段 CD 的内切点．

$\Delta x = x_2 - x_1 = 100 - 120 = -20$，$\Delta y = y_2 - y_1 = 200 - 40 = 160$，

$\alpha_1 = \arctan\dfrac{\Delta y}{\Delta x} = \arctan(-0.8) = -82°52'$，

$\alpha_2 = \arcsin\dfrac{R_2 + R_1}{\sqrt{\Delta x^2 + \Delta y^2}} = \arcsin\dfrac{110 + 30}{\sqrt{(-20)^2 + 160^2}} = \arcsin0.8682 = 60°15'$，

$\beta = |\alpha_1 \pm \alpha_2| = |-82°52' + 60°15'| = 22°37'$，（$CD$ 为内公切线，取 " + "）

$x_C = x_2 - R_2\sin\beta = 100 - 110\sin22°37' = 57.692$，（$x_C$ 在 x_2 的左边，取 " – "）

$y_C = y_2 - R_2|\cos\beta| = 200 - 110\cos22°37' = 98.462$；（$y_C$ 在 y_2 的下方，取 " – "）

同理，$x_D = x_1 + R_1\sin\beta = 120 + 30\sin22°37' = 131.538$，（$x_D$ 在 x_1 右边，取 " + "）

$y_D = y_1 + R_1|\cos\beta| = 40 + 30\cos22°37' = 67.692$．（$y_D$ 在 y_1 的上方，取 " + "）

E 点：FE 与弧 $\overset{\frown}{ED}$ 的切点.

$\Delta x = x_2 - x_1 = 120 - 130 = -10$，$\Delta y = y_2 - y_1 = 40 - 0 = 40$，

$\alpha_1 = \arctan \dfrac{\Delta y}{\Delta x} = \arctan(-4) = -75°58'$，

$\alpha_2 = \arcsin \dfrac{R}{\sqrt{\Delta x^2 + \Delta y^2}} = \arcsin \dfrac{30}{\sqrt{(-10)^2 + 40^2}} = 46°41'$，

$\beta = |\alpha_1 \pm \alpha_2| = |-75°58' - 46°41'| = 122°39'$，（直线 FE 相对 FO_3 顺时针方向形成 α_2，取 "$-$"）

$x_E = x_2 \pm R|\sin\beta| = 120 + 30|\sin 122°39'| = 145.259$，（$x_E$ 在 x_2 的右边，取 "$+$"）

$y_E = y_2 \pm R|\cos\beta| = 40 - 30|\cos 122°39'| = 23.815$，（$y_E$ 在 y_2 的下方，取 "$-$"）

F 点和 O 点：$F(130, 0)$，$O(0, 0)$.

则各基点的坐标为：

坐标	A	B	C	D	E	F	O
x	-49.641	18.401	57.692	131.538	145.259	130	0
y	85.981	126.631	98.462	67.692	23.815	0	0

参考编程程序为：数控铣床程序（FANUC 系统）、选择坐标原点 O 为编程原点，加工顺序顺时针方向从 $O \to F \to O$.

序号	程序	注解
	O0001；	程序号
N10	G90　G94　G21　G40　G54　F100；	程序初始化
N20	G91　G28　Z0；	Z 向回参考点
N30	M3　S800；	主轴正转，800r/min
N40	G90　G00　X-20　Y-20；	快速定位到起刀点
N50	Z20　M08；	切屑液开
N60	G01　Z-5　F100；	背吃刀量为 5mm
N70	G41　G01　X0　Y-10　D01；	O 点 $-y$ 轴延长线上建立刀补
N80	X0　Y0；	O 点
N90	X-49.641　Y85.981；	A 点
N100	G2　X18.401　Y126.631　R50；	B 点
N110	G3　X57.692　Y98.462　R110；	C 点
N120	G1　X131.538　Y67.692；	D 点
N130	G2　X145.259　Y23.815　R30；	E 点
N140	G1　X130　Y0；	F 点
N150	G1　X-20　Y0；	A 点 $-x$ 轴方向延长线上点
N160	G40　G01　X45　Y45　M09；	取消刀补、关切削液
N170	G91　G28　Z0；	返回 z 轴方向参考点
N180	M30；	程序结束

练习题 5.1

（1）数控加工如图 5-2 所示的零件，试求出它的基点及参考点的坐标.

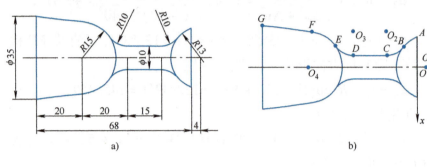

a)   b)

图 5-2

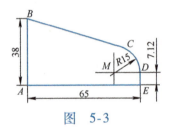

图 5-3

（2）某零件的平面轮廓如图 5-3 所示，在加工过程中要求直线 BC 与弧 $\overparen{CD}$ 切点 C 到 AE 的距离，试计算.

（3）在数控车床上车削如图 5-4 所示零件，需要求出半径为 $R18$ 的圆弧所在圆的圆心 O_1 的坐标及与半径 $R12.5$ 圆弧相切的切点 A 的坐标. 请分别用列方程组法、三角函数法求解.

（4）如图 5-5 所示，平面凸轮零件外轮廓需要在数控铣床上加工，试建立合适的坐标系，求出加工时需要的各基点的坐标.

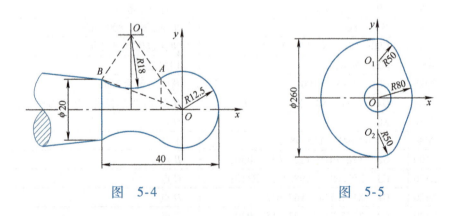

图 5-4   图 5-5

5.2 基点计算的 AutoCAD 作图法

利用绘图软件作图求基点是目前流行的一种求基点的方法. 常用的软件有 AutoCAD 和 CAXA 电子图板. 采用绘图软件作图

求基点具有操作简便、避免繁杂计算、精度高、出错率少的优点.

在用绘图软件作图求基点中要注意：善于运用数学中的几何性质，正确进行绘图分析，不能有差错；一般情况下按 1:1 的比例绘制，尺寸标注的精度单位设置要符合要求，通常为小数点后三位；点的捕捉要精准.

【例】　图 5-6a 所示为一凸轮的平面图，数控铣削凸轮的外轮廓，试用 CAD 绘图分析法求它的基点坐标.

分析：（1）以 O 为圆心、15 为半径的弧 $\overset{\frown}{AB}$，以 O_3 为圆心、6 为半径的弧 $\overset{\frown}{DE}$ 均内切于弧 $\overset{\frown}{AE}$，弧 $\overset{\frown}{AE}$ 的半径为 44，由内切两圆半径关系知：O_1 点是以 O 为圆心、（44 – 15）为半径的弧与以 O_3 为圆心、（44 – 6）为半径的弧的两弧的交点；

（2）以 O_2 为圆心、8 为半径的弧 $\overset{\frown}{BC}$ 与弧 $\overset{\frown}{AB}$ 外切，所以 O_2 是以 O 为圆心、（15 + 8）为半径的弧和与 y 轴右侧相距 17 的直线的交点；

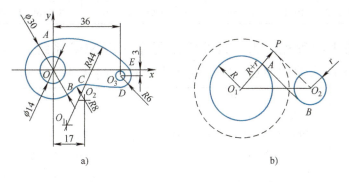

图　5-6

（3）直线 CD 是圆 O_2 与圆 O_3 的内公切线.

利用 CAD 作两圆的内公切线的作图要点是：如图 5-6b 所示，设圆 O_1、圆 O_2 的半径分别是 R、$r(R \geq r)$，以 O_1 为圆心、$(R + r)$ 长为半径作圆，打开对象捕捉，选择切点捕捉命令，过 O_2 点作 $(R + r)$ 长为半径圆的切线 O_2P，选择偏移命令，将 O_2P 偏移 r 个单位，即得圆 O_1 与圆 O_2 的内公切线 AB.

外公切线的作法与之类似，不同的是将“$(R + r)$ 长”改为“$(R - r)$ 长”.

在利用 CAD 作图中，要充分发挥 CAD 的功能，简化几何作图.

CAD 绘图求基点：

1）作基准线 x 轴、y 轴，交点为 O；

2）x 轴向下平移 3，y 轴向右偏移 36，设交点为 O_3；分别以 O、O_3 为圆心，15、6 长为半径作圆；

3）又分别以 O，O_3 为圆心，$(44-15)$ 与 $(44-6)$ 长为半径作弧，交于点 O_1，以 O_1 为圆心、44 长为半径作圆与前两圆相切于点 A、E；

4）将 y 轴向右偏移 17，以 O 为圆心、$(15+8)$ 长为半径作弧，与前偏移 17 的直线交于 O_2，以 O_2 为圆心、8 为半径作圆，与 15 为半径的圆 O 外切得切点 B；

5）以 O_2 为圆心、$(8+6)$ 长为半径作圆，利用切点捕捉功能，过 O_3 点作 $(8+6)$ 长为半径圆的切线 O_3P，选择偏移命令，将 O_3P 偏移 6，即得切线 DC；

6）利用删除、打断等功能修整作图.

7）选择标注命令，得相关数据，根据图示位置调整成坐标值，见下表.

坐标	A	B	C	D	E	O	O_1	O_2	O_3
x	-4.028	11.087	17.652	35.511	40.514	0	7.414	17	36
y	14.502	-10.103	-7.519	-8.98	0.953	0	-28.036	-15.492	-3

参考编程程序为：数控铣床程序（FANUC 系统）、选择坐标原点 O 为编程原点，加工顺序逆时针方向从 $A \rightarrow E \rightarrow A$.

序号	程序	注解
	O0001;	程序号
N10	G90　G94　G21　G40　G54　F100;	程序初始化
N20	G91　G28　Z0;	z 轴方向回参考点
N30	M3　S800;	主轴正转，800r/min
N40	G90　G0　X-4.028　Y30;	快速定位到起刀点
N50	Z20　M08;	切屑液开
N60	G1　Z-5　F100;	背吃刀量为 5mm
N70	G42　G1　X-4.028　Y20　D01;	A 点 y 轴延长线上建立刀补
N80	Y14.502;	A 点
N90	G3　X11.087　Y-10.103　R15;	B 点
N100	G2　X17.652　Y-7.519　R8;	C 点
N110	G1　X35.511　Y-8.98;	D 点
N120	G3　X40.514　Y0.953　R6;	E 点
N130	G3　X-4.028　Y14.502　R44;	A 点
N140	G1　Y20;	A 点 y 轴延长线上点
N150	G40　G1　X45　Y45　M09;	取消刀补、关切削液
N160	G91　G28　Z0;	返回 z 轴方向参考点
N170	M30;	程序结束

练习题 5.2

（1）一零件如图 5-7 所示，试作出它的轮廓图，并用 CAD 绘图法求它的基点坐标及其参考点的坐标（用直径方式表示）.

（2）在数控车上车削如图 5-8 所示的零件，作它的轮廓图，用 CAD 绘图法求它的基点坐标及其参考点的坐标（用直径方式表示）.

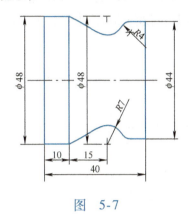

图　5-7

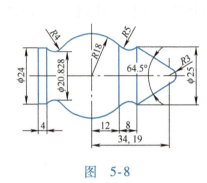

图　5-8

（3）有一类"心形"的平面凸轮如图 5-9 所示，现在数控铣床上加工它的外轮廓. 试分别用解析法与 CAD 绘图法求它的基点及参考点的坐标.

（4）在数控车床上车削如图 5-10 所示的零件，试分别用解析法与 CAD 绘图法求其基点坐标.

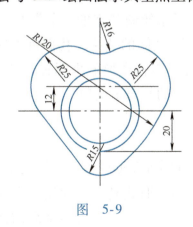

图　5-9

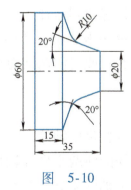

图　5-10

第6章　坐 标 转 换

在加工机械零件的过程中，还会遇到加工曲面轮廓线所在位置与工件主轴线成非特殊的平行与垂直关系，即俗称"斜"的状态. 图 6-1 所示是一手柄的局部轮廓图，有一部分是斜椭圆曲面线段. 在数控车床上加工这类轮廓线的零件时，它的方程和基点坐标等应如何表示呢？

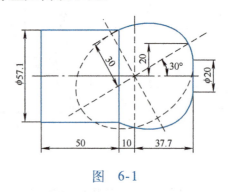

图　6-1

6.1　旋 转 变 换

我们已经能解决不倾斜的"正"状态椭圆的加工问题，为了实现在数控车上加工如图 6-1 所示倾斜状态的"斜"椭圆零件，设想找到这种"正"与"斜"之间的关系. 我们可以通过旋转变换坐标轴，让斜椭圆相对于旋转变换的坐标轴是"正"的状态；或将斜椭圆旋转到"正"的状态来实现.

一、坐标轴的旋转

改变坐标轴的方向，使其与椭圆等图形成为"正"的关系. 像这样的使两个坐标轴按同一方向同时旋转同一角度的操作称为坐标轴的旋转，简称转轴. 那么，同一点在旋转前后的两坐标系中的坐标有怎样的联系呢？

如图 6-2 所示，设平面内一点 P，在原直角坐标系 xOy 中的坐标是 (x, y)，现把坐标系 xOy 绕 O 点逆时针方向转过一个角 θ，构成新坐标系 $x'Oy'$，设点 P 在新坐标系 $x'Oy'$ 中的坐标是 (x', y')，又设 $|OP| = \rho$，$\angle x'OP = \varphi$，则有

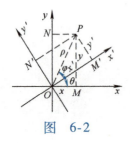

图　6-2

$$\begin{cases} x' = OM' = |OP|\cos\varphi = \rho\cos\varphi, \\ y' = ON' = |OP|\sin\varphi = \rho\sin\varphi \end{cases} \quad (1)$$

又因

$$\begin{aligned} x &= OM = |OP|\cos(\varphi + \theta) = \rho(\cos\varphi\cos\theta - \sin\varphi\sin\theta) \\ &= \rho\cos\varphi\cos\theta - \rho\sin\varphi\sin\theta, \\ y &= ON = |OP|\sin(\varphi + \theta) = \rho(\sin\varphi\cos\theta + \cos\varphi\sin\theta) \\ &= \rho\sin\varphi\cos\theta + \rho\cos\varphi\sin\theta, \end{aligned}$$

将式（1）中的 $\rho\cos\varphi = x'$，$\rho\sin\varphi = y'$ 代入上式，得

$$\begin{cases} x = x'\cos\theta - y'\sin\theta, \\ y = x'\sin\theta + y'\cos\theta \end{cases} \quad (2)$$

式（2）可称为**坐标轴的旋转公式**，θ 称作旋转角.

如果是坐标系按顺时针方向旋转 θ，那么旋转公式中的角度用"$-\theta$"表示.

问题思考：旋转公式中的两直角坐标系的原点有什么关系？公式中的旋转角 θ 实际在什么范围内？

问题探究：式（2）是用新坐标表示原坐标的形式，反过来，用原坐标表示新坐标的形式如何呢？

我们用 $x = x'\cos\theta - y'\sin\theta$ 乘 $\cos\theta$ 加上 $y = x'\sin\theta + y'\cos\theta$ 乘 $\sin\theta$ 得

$x\cos\theta + y\sin\theta = x'\cos^2\theta - y'\sin\theta\cos\theta + x'\sin^2\theta + y'\sin\theta\cos\theta,$

$x' = x\cos\theta + y\sin\theta$；

同理 $y' = -x\sin\theta + y\cos\theta$，

即有

$$\begin{cases} x' = x\cos\theta + y\sin\theta, \\ y' = -x\sin\theta + y\cos\theta \end{cases} \quad (3)$$

式（3）也是坐标轴的旋转公式.

【例】　在方程 $13x^2 - 10xy + 13y^2 = 72$ 中，将两坐标轴绕原点逆时针方向旋转 $45°$，求它在新坐标轴下的新方程，并作它的示意图.

解：因为 $\theta = 45°$，所以根据旋转公式得

$$\begin{cases} x = x'\cos45° - y'\sin45°, \\ y = x'\sin45° + y'\cos45° \end{cases} \quad 即 \quad \begin{cases} x = \dfrac{x' - y'}{\sqrt{2}} \\ y = \dfrac{x' + y'}{\sqrt{2}} \end{cases}$$

将上式代入方程 $13x^2 - 10xy + 13y^2 = 72$ 中，得

$$13\left(\frac{x' - y'}{\sqrt{2}}\right)^2 - 10\left(\frac{x' - y'}{\sqrt{2}}\right)\left(\frac{x' + y'}{\sqrt{2}}\right) + 13\left(\frac{x' + y'}{\sqrt{2}}\right)^2 = 72,$$

图　6-3

整理得到新坐标轴下的新方程是 $4x'^2 + 9y'^2 = 36$，即 $\dfrac{x'^2}{9} + \dfrac{y'^2}{4} = 1$，则它的图像是椭圆，如图 6-3 所示.

利用坐标轴旋转公式可以实现坐标轴旋转前后点的坐标的相互换算，从而实现曲线方程表达形式的变换.

二、坐标点的旋转

改变点的位置（即坐标点变换）会改变图形与坐标轴之间的关系. 像这样曲线图形上的所有点绕定点（原点）按同一方向同时旋转同一角度的操作称为坐标点的旋转，简称转点. 那么，旋转前后点的坐标有怎样的联系呢？

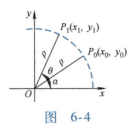

图　6-4

如图 6-4 所示，设平面内一点 $P_0(x_0, y_0)$ 绕原点 O 点逆时针方向转过一个角 θ 至 P_1，P_1 坐标是 $P_1(x_1, y_1)$，$|OP_0| = |OP_1| = \rho$，$\angle xOP_0 = \alpha$. 根据三角函数定义知：

$$\begin{cases} x_0 = \rho\cos\alpha, \\ y_0 = \rho\sin\alpha \end{cases} \quad (1)$$

$x_1 = \rho\cos(\alpha + \theta) = \rho(\cos\alpha\cos\theta - \sin\alpha\sin\theta) = \rho\cos\alpha\cos\theta - \rho\sin\alpha\sin\theta$，

$y_1 = \rho\sin(\alpha + \theta) = \rho(\sin\alpha\cos\theta + \cos\alpha\sin\theta) = \rho\sin\alpha\cos\theta + \rho\cos\alpha\sin\theta$，

将式（1）中的 $\rho\cos\alpha = x_0$ 和 $\rho\sin\alpha = y_0$，代入上式，得

$$\begin{cases} x_1 = x_0\cos\theta - y_0\sin\theta, \\ y_1 = x_0\sin\theta + y_0\cos\theta \end{cases} \quad (2)$$

式（2）可称为坐标点的旋转公式，θ 称作旋转角. 若坐标点按顺时针方向旋转 θ，则旋转公式中的角度取 "$-\theta$".

问题探究：式（2）是用旋转前的坐标表示旋转后坐标的形式，反之，它的形式又如何呢？

易得 $\begin{cases} x_0 = x_1\cos\theta + y_1\sin\theta, \\ y_0 = -x_1\sin\theta + y_1\cos\theta \end{cases}$

【例】　在方程 $13x^2 - 10xy + 13y^2 = 72$ 中，将曲线绕原点顺时针方向旋转 45°，求曲线旋转后的新方程.

解：由题意知，曲线上所有的点绕原点顺时针方向旋转 45°，则有

$$\begin{cases} x_0 = x_1 \cos(-45°) + y_1 \sin(-45°), \\ y_0 = -x_1 \sin(-45°) + y_1 \cos(-45°) \end{cases} \quad 即 \begin{cases} x_0 = \dfrac{x_1 - y_1}{\sqrt{2}} \\ y_0 = \dfrac{x_1 + y_1}{\sqrt{2}} \end{cases}$$

将上式代入 $13x^2 - 10xy + 13y^2 = 72$ 中，得

$$13\left(\frac{x_0 - y_0}{\sqrt{2}}\right)^2 - 10\left(\frac{x_0 - y_0}{\sqrt{2}}\right)\left(\frac{x_0 + y_0}{\sqrt{2}}\right) + 13\left(\frac{x_0 + y_0}{\sqrt{2}}\right)^2 = 72,$$

整理得新方程是 $4x_0^2 + 9y_0^2 = 36$，也就是 $\dfrac{x^2}{9} + \dfrac{y^2}{4} = 1$.

将上例与"坐标轴的旋转"中的例子比较，说明转轴与相对的转点是一致的.

由此可知，通过坐标点的旋转变换，可以改变曲线方程表达形式，曲线图形的状态也能由"斜"转化到"正".

练习题 6.1

（1）已知点（-2，1），求它在坐标轴旋转 $\theta = \dfrac{\pi}{6}$ 后的新坐标系中的坐标.

（2）已知坐标轴旋转角 $\theta = \dfrac{\pi}{4}$，在新坐标系下坐标为（$3\sqrt{2}$，$-2\sqrt{2}$）的点，在原坐标系下的坐标是多少？

（3）根据所给的旋转角 θ 转轴，变换下列方程，并判断曲线的类型：

1）$13x^2 + 10xy + 13y^2 = 72$，$\theta = \dfrac{\pi}{4}$；

2）$3x^2 - 4\sqrt{3}xy - y^2 = 6$，$\theta = 60°$.

6.2 圆锥曲线方程的移轴、转轴化简举例

我们在认识圆锥曲线与二次方程关系的基础上，学习圆锥曲线方程的移轴、转轴化简.

一、圆锥曲线与二次方程

2000 多年前，以古希腊阿波罗尼奥斯为代表的数学家采用平面切割圆锥的方法来研究曲线. 用垂直于圆锥轴的平面去截圆锥，会得到圆；把平面渐渐倾斜，会得到椭圆；用平

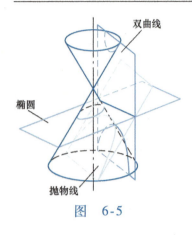

图　6-5

行圆锥高的平面截取，会得到双曲线；当平面倾斜到当且仅当和圆锥的一条母线平行时，得抛物线，如图 6-5 所示.

所以，人们把椭圆（包括特例圆）、双曲线和抛物线统称为圆锥曲线，其中椭圆（包括圆）与双曲线具有对称中心，可称为有心圆锥曲线；抛物线不具有对称中心，可称为无心圆锥曲线.

当平面在特殊位置切割圆锥时，如圆锥顶点、母线处时，就有特例：点、一条直线、两相交直线、平行线等，我们把这些称为退化的圆锥曲线.

因此，我们能得到它们的统一定义：

平面内到一定点 F 与到一定直线 l 的距离比为一非负常数 e 的点的轨迹叫作圆锥曲线. 其中，定点 F 叫作圆锥曲线的焦点，定直线 l 叫作圆锥曲线的准线，非负常数 e 叫作圆锥曲线的离心率.

根据 e 的范围不同，曲线也各不相同. 具体如下：

1）$e=0$，轨迹为圆；

2）$0<e<1$，轨迹为椭圆；

3）$e=1$，轨迹为抛物线；

4）$e>1$，轨迹为双曲线.

设圆锥曲线的离心率为 e，焦点 F 到准线的距离为 p，焦点为原点，垂直于准线的直线为 x 轴，建立直角坐标系，如图 6-6 所示.

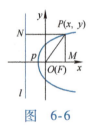

图　6-6

设 $P(x,y)$ 是圆锥曲线上任一点，根据圆锥曲线的统一定义得

$$\frac{|PF|}{|PN|}=e, \quad 即 \quad \frac{\sqrt{x^2+y^2}}{|p+x|}=e.$$

于是有圆锥曲线的统一直角坐标方程 $(1-e^2)x^2+y^2-2e^2px-e^2p^2=0$.

建立不同的坐标系，圆锥曲线方程就有不同的表达形式.

若以 y 轴为准线，其余不变，则所求的圆锥曲线方程为 $(1-e^2)x^2+y^2-2px+p^2=0$.

通过直角坐标系，圆锥曲线与二次方程对应，所以圆锥曲线又叫作二次曲线.

二元二次方程 $Ax^2+Bxy+Cy^2+Dx+Ey+F=0$ 所表示的曲线可归结为下表：

条件		类型	一般情形	特例（退化圆锥曲线）
$\Delta = B^2 - 4AC \neq 0$（有心圆锥曲线）	$\Delta < 0$	椭圆形	椭　圆	1. 点（点椭圆） 2. 无轨迹（虚椭圆）
	$\Delta > 0$	双曲线形	双曲线	两相交直线
$\Delta = B^2 - 4AC = 0$（无心圆锥曲线）		抛物线形	抛物线	1. 两平行线 2. 一直线（两直线重合） 3. 无轨迹（两虚直线）

对二次曲线方程的切线有如下定理：

若圆锥曲线 $Ax^2 + Bxy + Cy^2 + Dx + Ey + F = 0$ 上点 P（x_0, y_0）处的切线存在，则它的切线方程是 $Ax_0x + B\left(\dfrac{y_0x + x_0y}{2}\right) + Cy_0y + D\left(\dfrac{x + x_0}{2}\right) + E\left(\dfrac{y + y_0}{2}\right) + F = 0$. 其中的法则是：用 x_0x 和 y_0y 分别代替方程中的 x^2 和 y^2；用 $\dfrac{x + x_0}{2}$ 和 $\dfrac{y + y_0}{2}$ 分别代替方程中的 x 和 y；用 $\dfrac{y_0x + x_0y}{2}$ 代替方程中的 xy；常数项不变.

二、圆锥曲线方程的化简

转轴公式与移轴公式结合，就可以对一般的圆锥曲线方程 $Ax^2 + Bxy + Cy^2 + Dx + Ey + F = 0$（其中 A、B、C 不同时为 0）进行化简，使它成为我们易于研究的标准方程.

（一）有心圆锥曲线方程的化简

有心圆锥曲线型方程的化简顺序一般是先移轴，再转轴.

先移轴：以圆锥曲线的中心坐标（h, k）为新原点，通过移轴化去的 x、y 的一次项，得到移轴后的新方程 $Ax'^2 + Bx'y' + Cy'^2 + F' = 0$，它们有关系式：

$$\begin{cases} 2Ah + Bk + D = 0, \\ Bh + 2Ck + E = 0 \end{cases} \qquad F' = \frac{1}{2}(Dh + Ek + 2F)$$

再转轴：旋转角 θ 为 $\cot 2\theta = \dfrac{A - C}{B}$，转过角 θ 后，第二次得到的新方程为 $A'x''^2 + C'y''^2 + F' = 0$，它们有关系式：

$$\begin{cases} A' + C' = A + C, \\ -4A'C' = B^2 - 4AC \end{cases}$$

其中，当 $B > 0$ 时，取 $A' > C'$；当 $B < 0$ 时，取 $A' < C'$.

（二）无心圆锥曲线型方程的化简

无心圆锥曲线（$\Delta = 0$）的抛物线型方程化简的一般顺序是

先转轴，再移轴.

先转轴：从 $\cot 2\theta = \dfrac{A-C}{B}$ 化到方程 $B\tan^2\theta + 2(A-C)\tan\theta - B = 0$，其中 $\tan\theta$ 取正值，再求出 $\sin\theta$、$\cos\theta$ 的值，用转轴公式代入 $\left(\sqrt{A}x + \sqrt{C}y\right)^2 + Dx + Ey + F = 0$，得转轴后的方程 $A'x'^2 + D'x + E'y + F = 0$ 或 $C'y'^2 + D'x + E'y + F = 0$.

再移轴：用配方法得到抛物线的标准方程 $A'x''^2 + E''y'' = 0$ 或 $C'y''^2 + D''x'' = 0$.

问题思考：利用 $\cot 2\theta = \dfrac{A-C}{B}$ 求 $\sin\theta$、$\cos\theta$ 的值时，还有其他方法吗？

【例】 化简方程 $5x^2 - 6xy + 5y^2 - 6x - 22y + 21 = 0$，并作出它的示意图.

解：因为 $\Delta = B^2 - 4AC = (-6)^2 - 4 \times 5 \times 5 = -64 < 0$，所以该曲线为椭圆.

先移轴：设椭圆的中心坐标为 (h, k)，由公式：

$$\begin{cases} 2Ah + Bk + D = 0, \\ Bh + 2Ck + E = 0 \end{cases} 得 \begin{cases} 10h - 6k - 6 = 0 \\ -6h + 10k - 22 = 0 \end{cases},$$

解得 $h = 3$，$k = 4$.

即椭圆中心是（3，4），则移轴后以（3，4）为新原点的方程是

$$5x'^2 - 6x'y' + 5y'^2 + F' = 0.$$

$$F' = \frac{1}{2}(Dh + Ek + 2F) = \frac{1}{2}\left[(-6) \times 3 + (-22) \times 4 + 2 \times 21\right] = -32,$$

即移轴后的方程是 $5x'^2 - 6x'y' + 5y'^2 - 32 = 0$.

再转轴：旋转角 θ 为 $\cot 2\theta = \dfrac{A-C}{B} = \dfrac{5-5}{-6} = 0$，$2\theta = 90°$，$\theta = 45°$，转过角 θ 后第二次新方程为 $A'x''^2 + C'y''^2 - 32 = 0$，

根据公式 $\begin{cases} A' + C' = A + C, \\ -4A'C' = B^2 - 4AC \end{cases}$ 得 $\begin{cases} A' + C' = 5 + 5 \\ -4A'C' = -64 \end{cases}$

因为当 $B < 0$ 时，解得 $A' = 2$，$C' = 8$.

则第二次得到的新方程为 $2x''^2 + 8y''^2 - 32 = 0$，即 $\dfrac{x''^2}{16} + \dfrac{y''^2}{4} = 1$，这是 $a = 4$、$b = 2$，焦点在 x'' 轴上的椭圆，如图 6-7 所示.

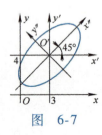

图 6-7

【例】 化简方程 $x^2 - 4xy + 4y^2 - 6\sqrt{5}x - 8\sqrt{5}y - 35 = 0$，并作出它的示意图.

解：因为 $\Delta = B^2 - 4AC = (-4)^2 - 4 \times 4 = 0$，所以曲线为抛物线.

先转轴：旋转角 θ，使 $\cot 2\theta = \dfrac{A-C}{B} = \dfrac{1-4}{-4} = \dfrac{3}{4}$，

$$\cos 2\theta = \frac{1}{\sqrt{1+\tan^2 2\theta}} = \frac{1}{\sqrt{1+\left(\dfrac{4}{3}\right)^2}} = \frac{3}{5},$$

$$\cos\theta = \sqrt{\frac{1+\cos 2\theta}{2}} = \sqrt{\frac{4}{5}} = \frac{2}{\sqrt{5}},$$

$$\sin\theta = \sqrt{\frac{1-\cos 2\theta}{2}} = \sqrt{\frac{1}{5}} = \frac{1}{\sqrt{5}},$$

由旋转公式，有 $\begin{cases} x = \dfrac{2x' - y'}{\sqrt{5}}, \\ y = \dfrac{x' + 2y'}{\sqrt{5}} \end{cases}$

原方程可化为 $(x - 2y)^2 - 2\sqrt{5}(3x + 4y) - 35 = 0$，并将旋转公式代入，整理得

$5y'^2 - 20x' - 10y' - 35 = 0$，即 $y'^2 - 4x' - 2y' - 7 = 0$.

再移轴：$y'^2 - 4x' - 2y' - 7 = 0$，

配方得 $(y' - 1)^2 = 4(x' + 2)$，

显然令 $\begin{cases} x' = x'' - 2 \\ y' = y'' + 1 \end{cases}$

以 $(-2, 1)$ 为新原点平移 x' 轴和 y' 轴，即得第二次变换的新方程 $y''^2 = 4x''$，它的图像是抛物线，如图6-8所示.

【例】 某搅拌机双曲线曲面叶轮的轮廓线方程是 $xy = \dfrac{200000}{9}$，试将它化为标准方程.

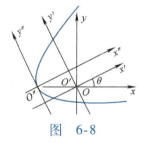

图 6-8

解：因为 $\Delta = B^2 - 4AC = 1^2 - 4 \times 0 \times 0 = 1 > 0$，所以曲线为双曲线.

$\cot 2\theta = \dfrac{A-C}{B} = \dfrac{0}{1} = 0$，$2\theta = 90°$，$\theta = 45°$，坐标轴旋转 $45°$ 即成标准化方程时的情形.

将 $\begin{cases} x = x'\cos 45° - y'\sin 45°, \\ y = x'\sin 45° + y'\cos 45° \end{cases}$ 代入 $xy = \dfrac{200000}{9}$ 得

$$\left(\frac{x' - y'}{\sqrt{2}}\right)\left(\frac{x' + y'}{\sqrt{2}}\right) = \frac{200000}{9},$$

则它的标准方程是 $x'^2 - y'^2 = \dfrac{400000}{9}$.

移轴变换与转轴变换前后，方程间系数的关系式是利用平移公式和旋转公式推导得到的. 在实际的移轴与转轴变换中，要灵活选择运用. 如转轴时，旋转角是特殊角，可用旋转公式直接化简；如移轴时，可以直接配方得到移轴的中心.

问题思考：能用坐标点旋转公式对一般的圆锥曲线方程 $Ax^2 + Bxy + Cy^2 + Dx + Ey + F = 0$（其中 A，B，C 不同时为 0）进行化简吗?

三、坐标变换在求基点坐标中的应用

利用坐标变换与二次方程，可以顺利地解决前面提出的"斜"化"正"的问题.

在数控车床上加工斜椭圆曲面时，确定斜椭圆曲面轮廓线段起点与终点在"正"的位置时的坐标与离心角后，就可以在像加工"正"椭圆那样的情形中加工了.

【例】 为了在数控车床上加工本章开头提出的手柄零件，试求出图 6-9 所示的斜椭圆曲面轮廓 AB 线段起点与终点在"正"椭圆位置时的坐标与离心角.

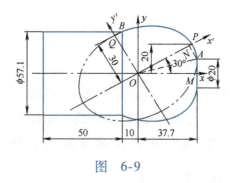

图　6-9

解：建立如图所示的坐标系 xOy.

根据图示，$OP = \dfrac{20}{\sin 30°} = 40$，$OQ = 30$，

则椭圆的长半轴 $a = 40$，短半轴 $b = 30$，椭圆的标准方程是 $\dfrac{x^2}{40^2} + \dfrac{y^2}{30^2} = 1$.

计算起点 A 旋转前的坐标与离心角 φ.

点 A 旋转后的坐标是（37.7，10），旋转角 $\theta = 30°$，所以，根据坐标点旋转公式，点 A 旋转前的点坐标——即现有点 A（37.7，10）顺时针方向旋转 $\theta = 30°$ 后成 A_0 点的坐标：

$$\begin{cases} x = 37.7\cos(-30°) - 10\sin(-30°), \\ y = 37.7\sin(-30°) + 10\cos(-30°) \end{cases}$$

解得，A_0 点的坐标是（37.649，-10.190）；

A_0 点离心角 $\varphi = \arccos \dfrac{x}{a} = \arccos \dfrac{37.649}{40} \approx \arccos 0.9412$，

$\varphi = -19.74°$.

计算终点 B 旋转前的坐标.

点 B（-10，28.55）顺时针方向旋转 $\theta = 30°$ 后成 B_0 点的坐标是

$$\begin{cases} x = -10\cos(-30°) - 28.55\sin(-30°), \\ y = -10\sin(-30°) + 28.55\cos(-30°) \end{cases}$$

解得，B_0 点的坐标是（5.615，29.725）；

B_0 点离心角 $\varphi = \arccos \dfrac{x}{a} = \arccos \dfrac{5.615}{40} \approx \arccos 0.1404$，

$\varphi = 81.93°$.

问题思考：A_0 点离心角 φ 为什么取负值呢？

问题探究：能否用坐标轴的旋转公式求"斜"椭圆在"正"状态下点 A_0 的坐标呢？

如图 6-9 所示，建立椭圆"斜"状态下的坐标系 $x'Oy'$，只要求出 A 点在 $x'Oy'$ 中的坐标，就能用坐标轴旋转公式计算出 A_0 点的坐标.

在直角 $\triangle AMO$ 中，由 AM、OM，得 $\angle AOM$ 及 OA；在直角 $\triangle ANO$ 中，由 OA、$\angle AON = 30° - \angle AOM$，可求出 A 点坐标.

参考编程为：数控车床程序（FANUC 系统），采用直径编程、精加工参考程序.

序号	程序	注解	
	O0001；	程序号	
	G0　G40　G97　G99　G21；	程序初始化	
	G0　X100　Z100；	快速移动到退刀、换刀点	
	M3　S800　T0101　M8；	主轴正转，800r/min、1 号车刀 1 号刀补、切削液开	
	G0　X20　Z2；	快速定位到起刀点	
	G1　Z0　F0.1；	A 点	
N10	#1 = -10.190；	未旋转之前 y 坐标	旋转椭圆 $A-B$ 宏程序
	#2 = 40 * SQRT[1 - #1 * #1/900]；	未旋转之前 x 坐标	
	#3 = 2 * [#2 * COS30 - #1 * SIN30]；	旋转 30° 后 x 坐标	
	#4 = #2 * SIN30 + #1 * COS30；	旋转 30° 后 y 坐标	
	G1　X[#3]　Z[#4 - 37.7]　F0.1；		
	#1 = #1 + 0.1；		
	IF [#1　LT　29.725] GOTO　10；		

（续）

序号	程序	注解
	G1　X57.1　Z－47.7;	B 点
	G1　X57.1　Z－97.7;	
	X60;	x 轴方向延长线上点
	G0　X100　Z100;	快速移动到退刀、换刀点
	M30;	程序结束

在零件的台肩过渡上，通常采用圆弧连接，但是在诸如航空类高精密的零件上，为了降低台肩处的应力集中，需将圆弧连接改为抛物线形曲线连接.

【例】　如图 6-10 所示，AB 曲线是零件台肩的抛物线形过渡曲线，试根据图示标注求出该曲线的抛物线方程.

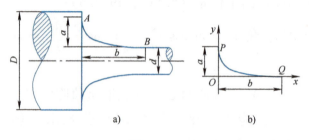

图　6-10

解：根据题意，零件台肩轮廓线互相垂直，建立如图所示的坐标系，设抛物线方程是：

$Ax^2 + Bxy + Cy^2 + Dx + Ey + F = 0$，（其中 A、B、C 不同时为 0），

因为它是抛物线型曲线，所以 $B^2 - 4AC = 0$　　　　（1）

因点 $P(0, a)$ 在曲线上，所以有

$A \times 0^2 + Ba \times 0 + Ca^2 + D \times 0 + Ea + F = 0$，即 $Ca^2 + Ea + F = 0$，

因 PQ 抛物线型过渡曲线的连接是相切关系，$P(0, a)$ 是切点，a 是 $Ca^2 + Ea + F = 0$ 的相等实数根，所以有

$$2a = -\frac{E}{C} \tag{2}$$

$$a^2 = \frac{F}{C} \tag{3}$$

同理可得 $2b = -\dfrac{D}{A}$　　　　（4）

$$b^2 = \frac{F}{A} \tag{5}$$

由式（1）、式（2）、式（3）、式（4）和式（5）得

$F = b^2 A$，$D = -2bA$，$C = \dfrac{b^2}{a^2}A$，$E = -\dfrac{2b^2}{a}A$，$B = -\dfrac{2b}{a}A$（据题意，"+"号情形舍去），

所以有 $Ax^2 - \dfrac{2b}{a}Axy + \dfrac{b^2}{a^2}Ay^2 - 2bAx - \dfrac{2b^2}{a}Ay + b^2 A = 0$，

则所求的抛物线方程是 $a^2x^2 - 2abxy + b^2y^2 - 2a^2bx - 2ab^2y + a^2b^2 = 0$.

问题探究：因为台肩的 OP 与 OQ 所在直线是抛物线的切线，能用二次曲线的切线方程求解吗？

因为点 $P(0, a)$ 是直线（y 轴）$x = 0$ 与二次曲线 $Ax^2 + Bxy + Cy^2 + Dx + Ey + F = 0$ 的切点，所以它的切线方程为

$$Ax \times 0 + B\left(\dfrac{ax + 0y}{2}\right) + Cay + D\left(\dfrac{x + 0}{2}\right) + E\left(\dfrac{y + a}{2}\right) + F = 0,$$

即 $(Ba + D)x + (2Ca + E)y + Ea + 2F = 0$，

又因为上述切线方程就是直线 $x = 0$，所以有

$(Ba + D) \neq 0$，$2Ca + E = 0$，$Ea + 2F = 0$，即有 $E = -\dfrac{2F}{a}$，

$C = \dfrac{F}{a^2}$；

同理得 $D = -\dfrac{2F}{b}$，$A = \dfrac{F}{b^2}$.

根据二次曲线是抛物线有 $B^2 - 4AC = 0$，$B^2 = 4AC = \dfrac{4F^2}{a^2b^2}$，

$B = -\dfrac{2F}{ab}$（"+"号为抛物线的另一情形）.

于是，有 $\dfrac{F}{b^2}x^2 - \dfrac{2F}{ab}xy + \dfrac{F}{a^2}y^2 - \dfrac{2F}{b}x - \dfrac{2F}{a}y + F = 0$，

则所求的抛物线方程是 $a^2x^2 - 2abxy + b^2y^2 - 2a^2bx - 2ab^2y + a^2b^2 = 0$.

问题探究：上述抛物线方程能用含 x 的式子来表达 y 吗？

抛物线方程可写成 $b^2y^2 - 2ab^2y + a^2b^2 - 2abxy + 2a^2bx + a^2x^2 = 4a^2bx$，

上式两边同除 b^2 得

$$y^2 - 2ay + a^2 - 2\dfrac{a}{b}xy + 2\dfrac{a^2}{b^2}x + \dfrac{a^2}{b^2}x^2 = 4\dfrac{a^2}{b}x,$$

$$(y - a)^2 - 2(y - a)\dfrac{a}{b}x + \left(\dfrac{a}{b}x\right)^2 = 4\dfrac{a^2}{b}x,$$

$$\left(y-a-\frac{a}{b}x\right)^2=\left(2a\sqrt{\frac{x}{b}}\right)^2,$$

$$y-a-\frac{a}{b}x=2a\sqrt{\frac{x}{b}},$$

$$y=\frac{a}{b}x+2a\sqrt{\frac{x}{b}}+a,$$

$$y=\frac{a}{b}(\sqrt{x}+\sqrt{b})^2.$$

为便于在数控编程求基点中顺利解决上述一类问题，我们给出它的一般性结论.

一般地，当零件台肩的抛物线连接的铅直与水平尺寸分别是 a 与 b 时（设 $a\geqslant b$），它的抛物线曲线方程是

$$a^2x^2-2abxy+b^2y^2-2a^2bx-2ab^2y+a^2b^2=0.$$

现探索它的标准方程及切点在不同情形下的坐标的一般结论.

以旋转角 θ（其中 $\cot2\theta=\dfrac{a^2-b^2}{-2ab}$）旋转坐标轴，则坐标轴旋转公式是

$$x=\frac{bx'-ay'}{\sqrt{a^2+b^2}},\quad y=\frac{ax'+by'}{\sqrt{a^2+b^2}}$$

坐标轴旋转后，在 $x'Oy'$ 坐标系下的方程是

$$(a^2+b^2)y'^2-\frac{2ab(b^2-a^2)}{\sqrt{a^2+b^2}}y'-\frac{4a^2b^2}{\sqrt{a^2+b^2}}x'+a^2b^2=0,$$

$$\left(y'-\frac{ab(b^2-a^2)}{(a^2+b^2)\sqrt{a^2+b^2}}\right)^2=\frac{4a^2b^2}{(a^2+b^2)\sqrt{a^2+b^2}}\left(x'-\frac{a^2b^2\sqrt{a^2+b^2}}{(a^2+b^2)^2}\right),$$

令点 $O''\left(\dfrac{ab(b^2-a^2)}{(a^2+b^2)\sqrt{a^2+b^2}},\dfrac{a^2b^2\sqrt{a^2+b^2}}{(a^2+b^2)^2}\right)$ 为新坐标系的原点，平移坐标系 $x'Oy'$ 至 $x''O''y''$ 后得抛物线的标准方程是 $y''^2=\dfrac{4a^2b^2}{(a^2+b^2)\sqrt{a^2+b^2}}x''$.

（当 $a<b$ 时，a 与 b 中间式子注意轮换，结论是相同的）

切点 $P(0,a)$ 与 $Q(b,0)$ 在抛物线"正"状态下的 $x'Oy'$ 坐标中的坐标分别是 $P'\left(\dfrac{a^2}{\sqrt{a^2+b^2}},\dfrac{ab}{\sqrt{a^2+b^2}}\right)$ 与

$$Q'\left(\frac{b^2}{\sqrt{a^2+b^2}}, \ -\frac{ab}{\sqrt{a^2+b^2}}\right).$$

平移 $x'Oy'$ 坐标轴，在 $x''Oy''$ 坐标系中，抛物线方程成标准方程后，切点 P'' 与 Q'' 点的坐标分别是

$$P''\left(\frac{a^4\sqrt{a^2+b^2}}{(a^2+b^2)^2}, \ \frac{2a^3b\sqrt{a^2+b^2}}{(a^2+b^2)^2}\right) 与 Q''\left(\frac{b^4\sqrt{a^2+b^2}}{(a^2+b^2)^2}, \ -\frac{2ab^3\sqrt{a^2+b^2}}{(a^2+b^2)^2}\right).$$

【例】 如图 6-10 所示，某航空器械的零件台肩采用抛物线形过渡台肩，过渡连接点铅直位置高 $a=\sqrt{3}\,\mathrm{cm}$，水平位置长 $b=3\,\mathrm{cm}$，①写出该抛物线方程；②为了制造成形刀具或样板使用机床，将抛物线方程化为标准方程形式；③若在数控机床上加工，求抛物线过渡连接点（即切点）在抛物线没有旋转时的坐标.

解：①因为 $a=\sqrt{3}$，$b=3$，所以台肩过渡抛物线方程是：

$(\sqrt{3})^2x^2 - 2\times3\sqrt{3}xy + 3^2y^2 - 2(\sqrt{3})^2\times3x - 2\sqrt{3}\times(3)^2y + (\sqrt{3})^2\times3^2 = 0$，

即 $x^2 - 2\sqrt{3}xy + 3y^2 - 6x - 6\sqrt{3}y + 9 = 0$；

②利用 $y''^2 = \dfrac{4a^2b^2}{(a^2+b^2)\sqrt{a^2+b^2}}x''$，得标准方程是 $y''^2 = \dfrac{3\sqrt{3}}{2}x''$；

③利用 $P'\left(\dfrac{a^2}{\sqrt{a^2+b^2}}, \ \dfrac{ab}{\sqrt{a^2+b^2}}\right)$ 与 $Q'\left(\dfrac{b^2}{\sqrt{a^2+b^2}}, \ -\dfrac{ab}{\sqrt{a^2+b^2}}\right)$，得点 P、Q 在抛物线没有旋转的"正"状态下的坐标分别是 $P'\left(\dfrac{\sqrt{3}}{2}, \ \dfrac{3}{2}\right)$、$Q'\left(\dfrac{3\sqrt{3}}{2}, \ -\dfrac{3}{2}\right)$.

参考编程为：根据旋转公式 $\left(\cot 2\theta = \dfrac{a^2-b^2}{-2ab}\right)$ 求得旋转角 θ 为 30°，数控车床程序（FANUC 系统），采用直径编程、抛物线精加工参考程序.

序号	程序	注解
	O0001；	程序号
	G0 G40 G97 G99 G21；	程序初始化
	G0 X100 Z100；	快速移动到退刀、换刀点
	M3 S800 T0101 M8；	主轴正转，800r/min、1 号车刀 1 号刀补、切削液开

（续）

序号	程序	注解	
	……	快速定位到起刀点	
N10	#1 = SQRT[3/2];	未旋转之前 x 坐标	旋转抛物线宏程序
	#2 = SQRT[3 * 1.732 * #1/2];	未旋转之前 y 坐标	
	#3 = 2 * [#1 * COS30 − #2 * SIN30];	旋转30°后 x 坐标	
	#4 = #1 * SIN30 + #2 * COS30;	旋转30°后 y 坐标	
	G1　X[#3 + y 轴平移量]Z[#4 − x 轴平移量]F0.1;		
	#1 = #1 + 0.1;		
	IF[#1　LT 3 * [SQRT3/2] GOTO10;		
	……		
	M30;	程序结束	

练习题 6.2

（1）利用旋转变换公式将双曲线搅拌轮曲线方程 $xy = 36$ 化为标准方程形式.

（2）化简下列各方程，并作出它的示意图.

1） $2x^2 + 6xy + 5y^2 - 4x - 22y + 7 = 0$；

2） $5x^2 - 12xy - 8x + 24y - 40 = 0$；

3） $x^2 + 2xy + y^2 + 4x - 4y = 0$.

（3）对于曲线方程 $3x^2 - 4xy - 4 = 0$，先求出旋转角，再用坐标点旋转公式化简.

（4）如图 6-11 所示，以 O_1 为原点，点 A 的坐标是（20，13.105），点 B 的坐标是（−7.95，12.95），椭圆的长半轴和短半轴分别为 25mm 和 15mm，旋转角为 20°，试求椭圆轮廓线段 AB 旋转前的起点与终点的坐标与离心角.

（5）如图 6-12 所示，已知一零件的台肩是斜椭圆线段曲面，试求出斜椭圆线段起点与终点在没有旋转前的坐标与离心角.

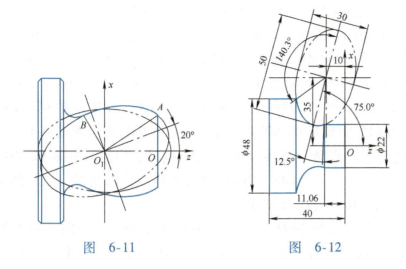

图　6-11　　　　　　图　6-12

（6）某零件的台肩采用抛物线形过渡，台肩的过渡连接点铅直位置高 $a = 16\text{mm}$，水平位置长 $b = 25\text{mm}$，①利用切线性质求该抛物线的方程；②将该抛物线方程化为标准方程形式；③若在数控机床上加工，求抛物线过渡连接点在抛物线"正"状态下的坐标.

6.3　基于 AutoCAD 的坐标变换计算

在机械构件中，把垂直于斜面的孔称为法向孔. 在不具备五轴及以上联动铣削功能的铣床上加工斜面法向孔时，可转动底座实施加工.

【例】　如图 6-13a 所示，在斜面 AB 的法向加工一孔，使这孔的中心线过点 P，同时与 CD 成 $30°$ 角，加工时应将固定在底座上的工件连同底座一起绕 O 点转过多少度？原位的钻头如何移动？

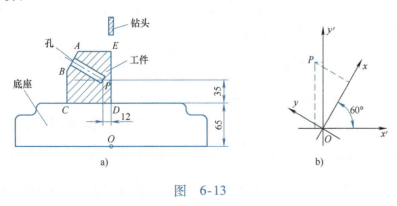

图　6-13

解：钻头在 E、D、O 三点成一线的轴线上，工件连同底座

绕 O 点转过 $60°$，法向孔就与钻头所在轴线平行．建立图 6-13b 所示的坐标系 xOy，其顺时针旋转 $60°$ 后得新坐标系 $x'Oy'$；在新坐标系 $x'Oy'$ 中，点 P 的坐标是（ -12，100），由转轴公式知，点 P 在原坐标系 xOy 中的横坐标 $x = x'\cos\theta - y'\sin\theta = -12\cos(-60°) - 100\sin(-60°) = 80.603$，即 P 点在 xOy 中的 Ox 方向的距离是 80.603．于是，加工时应将固定在底座上的工件连底座一起绕 O 点转过 $60°$，原位的钻头应向右平移 80.603．

问题探究：上题中的操作可看成是图像的变换，所以能考虑运用旋转点公式求解吗？

工件连底座绕 O 点顺时针方向转过 $60°$，法向孔就与钻头所在轴线平行，点 P_0 至 P_1 点，建立如图 6-14 所示的坐标系 xOy，则 $P_0(-12,100)$，由坐标点旋转公式知 P_1 点的横坐标为

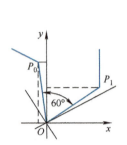

图　6-14

$$x_1 = x_0\cos\theta - y_0\sin\theta = -12\cos(-60°) - 100\sin(-60°) = 80.603,$$

其实，利用 AutoCAD 功能强大与高精度的特性，可以轻松地处理上述情形的坐标变换的计算问题．

对上例题，现用 AutoCAD 来求解，如图 6-15 所示．

1）作互相垂直的直线 OE 与 OF；

2）用偏移命令：OE 向左偏 12，OF 向上偏移 100，得交点 P；

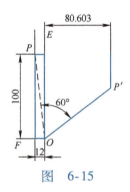

图　6-15

3）用旋转命令：作线段 PO，使 PO 以 O 为旋转中心顺时针旋转 $60°$ 至 OP'；

4）用标注命令：标注点 O 与点 P' 的线性距离，得 80.603．

所以，原位的钻头向右移动 80.603mm．

在用 AutoCAD 求解时，要注意作图的比例与所取单位精度，为了对象捕捉的准确性，往往将其他可能引起干扰的对象关闭．

【例】　用 AutoCAD 求解本章开头提出的图 6-1 所示的问题．试求图中斜椭圆曲面轮廓 AB 线段起点与终点在"正"状态椭圆位置时的坐标与离心角．

解：由图知椭圆的长半轴 $a = \dfrac{20}{\sin30°} = 40$，短半轴 $b = 30$．

1）如图 6-16 所示，建立直角坐标系 xOy；

2）用偏移命令：Ox 向上偏移 10，Oy 向右偏移 37.7，得交点 A；又 Ox 向上偏移 $\dfrac{57.1}{2} = 28.55$，Oy 向左偏移 10，得交点 B；

3）用旋转命令：作线段 OA、OB，以 O 为中心使 OA、OB 沿顺时针方向旋转 $30°$ 分别至点 A_0 和 B_0；

4）用标注命令：标注点 O 与点 A_0 之间的线性水平与铅直

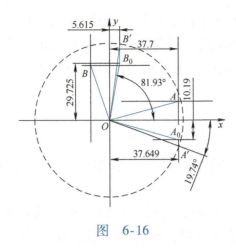

图　6-16

距离，得 A_0 点的坐标是（37.649，−10.190）；同理，B_0 点的
坐标是（5.615，29.725）；

5）以椭圆长半轴 $a = 40$ 为半径作 $\odot O$，过 A_0 点作铅直线交
$\odot O$ 于 A'，则 $\angle xOA'$ 即为椭圆上 A_0 点的离心角．用标记角命令
得 $\angle xOA' = 19.74°$，即离心角是 −19.74°．同理，B_0 点的离心
角是 81.93°．

问题思考：如何以椭圆短半轴 b 为半径作 $\odot O$ 求离心角呢？

练习题 6.3

（1）如图 6-17 所示，在数控车上加工一含有斜椭圆曲线段
的零件，需要选择合适的坐标系，用 AutoCAD 求解斜椭圆曲线
段在未旋转倾斜时的起点与终点的坐标及离心角的度数．

（2）如图 6-18 所示的零件轮廓含有抛物线段 AB，试根据
图示尺寸求出抛物线段 AB 在没有旋转的"正"状态时，原抛
物线段 AB 端点在 $x'Oz'$ 坐标系中的坐标．

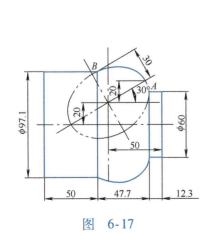

图　6-17

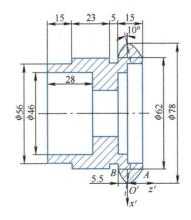

图　6-18

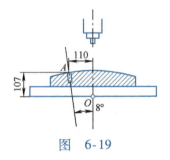

图　6-19

（3）在如图 6-19 所示的凸圆弧工件上加工与中心线成 8°的斜孔，工件固定在旋转平台后，测得孔口点 A 与旋转中心 O 的水平距离与垂直距离分别是 110mm 和 107mm，求加工时主轴线上的钻头移动的距离.（分别用计算法与 AutoCAD 法求解）

【实践作业】

课题名称：用 AutoCAD 法求加工斜孔时主轴线钻头移动距离.

准备：加工大圆弧上斜孔材料一份. 实习指导老师两人，每人一工位的计算机房，旋转平台式铣床一台，量具、钻头及相关材料. 操作示意图如图 6-20 所示.

操作步骤：

（1）装夹在大圆弧上加工斜孔的零件，使加工零件的直边与机床主轴垂直.

（2）根据装夹位置测量出大圆弧垂直位置中间点（或垂直孔中心）P 与工作台旋转中心 O 的垂直距离 H、水平距离 L.

（3）利用 AutoCAD 模拟画出工作台及旋转中心位置，并根据测量数据 H、L 作出加工零件在工作台上的位置图.

（4）依据加工斜孔中心线与轴线夹角 θ 的度数，用旋转命令将工作台及其工件绕工作台旋转中心 O 顺（或逆）时针方向旋转 θ 角.

（5）用标注命令得到主轴线与加工点 M 的距离 x_M.

（6）主轴钻头移动距离 x_M 后，施行钻孔操作.

（7）以上操作均在实习老师指导下，由学生实践完成.

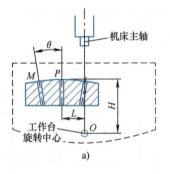
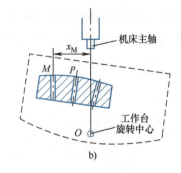

a)　　　　　　　　　　b)

图　6-20

第7章 加工制造质量控制

7.1 精度计算

在实际生产加工中，判断零件是否合格，是看实际尺寸是否在一个尺寸范围内. 这个尺寸范围通常由工程师根据产品的设计要求和功能需求来设定. 一旦确定了这个范围，工人们就可以通过测量零件的实际尺寸来判断它是否满足要求.

上极限尺寸与公称尺寸的代数差称为上极限偏差，下极限尺寸与公称尺寸的代数差称为下极限偏差. 注意：偏差值前带有正、负号.

上极限偏差 = 上极限尺寸 – 公称尺寸

下极限偏差 = 下极限尺寸 – 公称尺寸

上极限尺寸 = 公称尺寸 + 上极限偏差

下极限尺寸 = 公称尺寸 + 下极限偏差

允许尺寸变动量 = |上极限尺寸 – 下极限尺寸|

|上极限尺寸 – 下极限尺寸|

= |(公称尺寸 + 上极限偏差) – (公称尺寸 + 下极限偏差)|

= |上极限偏差 – 下极限偏差|

某轴的公称尺寸为 $\phi40\text{mm}$，实际加工出来的轴允许尺寸变化的最大值（常称为上极限尺寸）为 $\phi40.015\text{mm}$，允许尺寸变化的最小值（常称为下极限尺寸）为 $\phi39.990\text{mm}$. 则**上极限尺寸 ≥ 实际尺寸 ≥ 下极限尺寸，即为合格零件**.

上极限偏差 = 上极限尺寸 – 公称尺寸 = 40.015mm – 40mm = +0.015mm

下极限偏差 = 下极限尺寸 – 公称尺寸 = 39.990mm – 40mm = –0.010mm

图样中常把公称尺寸和其上、下极限偏差值标注成如 $\phi 40^{+0.015}_{-0.010}\text{mm}$ 形式.

【例】 图样中，某零件的结构尺寸标注为 $\phi 40^{+0.027}_{0}\text{mm}$，求零件的上极限尺寸和下极限尺寸.

解：上极限尺寸 = 公称尺寸 + 上极限偏差，即：40mm + (+0.027mm) = 40.027mm, 下极限尺寸 = 公称尺寸 + 下极限偏差，即：40mm + 0mm = 40mm.

即：40. 027mm ≥ 实际尺寸 ≥ 40mm，零件合格.

某轴公称尺寸为 ϕ40mm，上极限偏差为 + 0. 008mm，下极限偏差为 – 0. 008mm，即上、下极限偏差属于大小相同，符号相反的相反数. 图样中可标注成 ϕ40 ± 0. 008mm 形式.

即 ϕ40 ± 0. 008mm 表示：

上极限尺寸 = 公称尺寸 + 上极限偏差，即：40mm + (+ 0. 008mm) = 40. 008mm,

下极限尺寸 = 公称尺寸 + 下极限偏差，即：40mm + (– 0. 008mm) = 39. 992mm.

即：40. 008mm ≥ 实际尺寸 ≥ 39. 992mm，零件合格.

允许尺寸变动量 = |上极限尺寸 – 下极限尺寸|

而 |上极限尺寸 – 下极限尺寸|

= |（公称尺寸 + 上极限偏差） – （公称尺寸 + 下极限偏差）|

= |上极限偏差 – 下极限偏差|

即：允许尺寸的变动量也等于上极限偏差与下极限偏差代数差的绝对值，其值总为正值. 它关系到零件加工的难易程度及零件安装使用时的精度.

允许尺寸的变动量越大，零件的加工难度越低，但其安装使用时的精度也越低；反之，允许尺寸的变动量越小，零件的加工难度越高，但其安装使用时的精度也越高.

【例】　求 $\phi\,40\,^{+0.027}_{\ \ 0}$mm，$\phi\,20\,^{+0.100}_{+0.020}$mm，$\phi\,25\,^{-0.007}_{-0.020}$mm 零件的允许尺寸变动量.

解：|0. 027 – 0|mm = 0. 027mm

|0. 100 – 0. 020|mm = 0. 080mm

|(– 0. 007) – (– 0. 020)|mm = 0. 013mm

练习题 7. 1

求 $\phi\,80\,^{-0.010}_{-0.035}$mm 零件的上极限尺寸、下极限尺寸、允许尺寸变动量.

7. 2　质量检测

在机械加工中，可以通过调查部分零件的某项指标数据的频率分布，估计该批次该指标零件数据的频率分布情况. 需要利用统计的方法对数据进行整理和分析，其基本方法是列频率分布表和绘制频率分布直方图.

列频率分布表和绘制频率分布直方图的步骤如下：

1）计算极差：数据中最大值 b 减最小值 a.

2）确定组数与组距：根据数据确定分组数量 m. 样本容量不超过 100 时，通常分成 5~12 组. 组距 $d \geqslant \dfrac{极差}{组数} = \dfrac{b-a}{m}$ 的最小整数.

3）确定分点：第一组的起点可以是最小值，也可以比最小值小一点.

4）列频率分布表：一般分成三列（分组、频数和频率），频数合计是样本容量，频率合计是 1.

5）绘制频率直方图：频率直方图是以图形面积反映数据落在各个小组内的频率大小.

【例】　要加工一批齿轮轴毛坯，要求其长度为（72±0.19）mm，加工一部分后抽取样本进行检测，测得的数据如下：

72.00，71.97，72.01，71.83，72.07，71.97，72.09，71.95，72.01，71.95，72.02，71.87，72.03，71.85，72.00，71.91，72.10，72.05，72.00，72.01，72.01，72.05，72.00，71.92，72.17，71.96，72.00，72.01，72.12，71.97，72.10，72.06，72.04，71.90，72.06，72.08，71.96，72.05，71.96，71.92，72.09，72.03，72.07，71.91，72.00，72.02，71.98，72.06，71.95，72.02.

（1）该批零件的生产过程是否异常？

（2）该批零件的质量状况如何？

根据表中测得的样本数据，观察产品的加工精度，根据数据绘出样品的精度分布直方图，这组样品中最大值为 72.17，最小值为 71.83，差值为 0.34，将这些数据分成 7 组，组距为 0.05.

列出频数分布表

分值	频数	频率
[71.825，71.875)	3	0.06
[71.875，71.925)	5	0.10
[71.925，71.975)	9	0.18
[71.975，72.025)	15	0.30
[72.025，72.075)	11	0.22
[72.075，72.125)	6	0.12
[72.125，72.175)	1	0.02

绘制频数直方图：

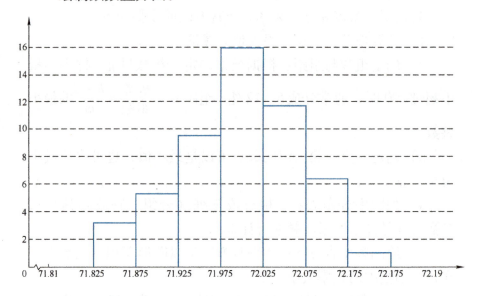

由直方图可知，生产过程未见异常，产品质量状况较好.

练习题 7.2

测量 50 个同一批零件的尺寸，检测零件的质量状况.